U0527314

摆脱情绪勒索的 40 个练习

把握人际关系界限，回归真实自我

苏绚慧 —— 著

台海出版社

北京市版权局著作合同登记号：图字01-2022-5554

版权所有©苏绚慧
本书版权由天下杂志股份有限公司正式授权
北京阳光博客文化艺术有限公司中国大陆中文简体字版权，
非经书面同意，不得以任何形式任意重制、转载。

图书在版编目（ＣＩＰ）数据

摆脱情绪勒索的40个练习 / 苏绚慧著. -- 北京：
台海出版社，2023.9
ISBN 978-7-5168-3378-0

Ⅰ.①摆… Ⅱ.①苏… Ⅲ.①情绪－自我控制－通俗读物 Ⅳ.①B842.6-49

中国版本图书馆CIP数据核字(2022)第156462号

摆脱情绪勒索的40个练习

著　　者：	苏绚慧		
出 版 人：	蔡　旭	装帧设计：	左左工作室
责任编辑：	吕　莺　李　娟		

出版发行：台海出版社
地　　址：北京市东城区景山东街20号　　邮政编码：100009
电　　话：010-64041652（发行，邮购）
传　　真：010-84045799（总编室）
网　　址：www.taimeng.org.cn/thcbs/default.htm
E－mail：thcbs@126.com

经　　销：全国各地新华书店
印　　刷：天津创先河普业印刷有限公司
本书如有破损、缺页、装订错误，请与本社联系调换

开　　本：	710毫米×1000毫米	1/16	
字　　数：	150千字	印　　张：	11.25
版　　次：	2023年9月第1版	印　　次：	2023年9月第1次印刷
书　　号：	ISBN 978-7-5168-3378-0		

定　　价：65.00元

版权所有　　翻印必究

哪一个是你的人生？

失去界限的人生

过度负责或过度依赖
害怕冲突，回避沟通
疲惫不堪的人际关系
破碎心累的负向自我
生活中充满抱怨、自责和受害感
常处于自我怀疑和左右为难中
习惯勉强和压迫自己或别人
身心、情绪失序失衡

界限清晰的人生

能分辨责任归属并适当承担
清楚自己的立场，知道如何沟通
懂得在尊重自己与理解他人之间找到平衡
感受有主体性的正向自我
接纳自己的局限和不足
愿意觉察自己的选择并负责
能合情合理客观看待事实，不强迫
身心、情绪能维持秩序，平衡运作

目录

自序　　　　　　　　　　　　　　　　　　　　　001

第一篇 那些以爱为名的伤害——十种界限失守的关系陷阱

陷阱一　是刚刚好的爱，还是被控制的爱？　　　008
陷阱二　有些人对你的亲近，其实是"侮慢"　　　011
陷阱三　当"帮忙"成为一种"索讨"　　　　　　014
陷阱四　受制于他人的"理所当然"　　　　　　　018
陷阱五　错位的安全感和依赖心　　　　　　　　　021
陷阱六　因害怕冲突而失去自我界限　　　　　　　025
陷阱七　强迫式好意与关怀　　　　　　　　　　　028
陷阱八　期待别人来填补内心的缺憾　　　　　　　031
陷阱九　错把别人的人生当成自己的　　　　　　　036
陷阱十　左手索取，右手怨怼　　　　　　　　　　040

第二篇 那些以自我为中心的人——形形色色的操控者

第一型　责任感偏执的操控者　　　　　　　　046

第二型　多米诺骨牌效应的失衡者　　　　　　049

第三型　理所当然的索求者　　　　　　　　　052

第四型　习惯怪罪别人的道德家　　　　　　　055

第五型　相互依赖和索取的共生者　　　　　　058

第六型　理性/感性功能错乱者　　　　　　　 060

第七型　把过去投射到当下的情绪囚徒　　　　063

第八型　把他人当工具的自恋者　　　　　　　066

第九型　被恐惧绑架的无助者　　　　　　　　069

第十型　混淆人际界限的操控者　　　　　　　072

第三篇 理解你的内在纠结——修复与疗愈个体界限

疗愈一　敢于让别人失望的勇气　　　　　　　078

疗愈二　褒贬之间，建立不卑不亢的自尊　　　082

疗愈三　不再以敌意的眼光看待自己　　　　　085

疗愈四　在每个情感脆弱的时刻，都保持尊重与接纳　090

疗愈五　病态的关系，来自你内心的地狱　　　094

疗愈六 能实现自我，就是成功 098

疗愈七 把"在乎"留给值得你在乎的人 101

疗愈八 能够面对生命里的分离，才能成长 104

疗愈九 要有让自己活得开心和幸福的创造力 109

疗愈十 离负能量的人越远越好 113

第四篇 成为平静有力量的你——设立个体界限的十项练习

练习一 卸下生命中不必要的内疚感 118

练习二 练习做自己 123

练习三 在如此复杂的世界中，要勇于断舍离 128

练习四 松开自我惯性的锁链 133

练习五 摆脱"条件式评价" 138

练习六 以自己的力量跳出舒适圈 143

练习七 深入生命的黑暗时刻，凝视和整合内心自我 148

练习八 从觉察自己的情绪、感受和想法做起 153

练习九 忠于自己，停止补偿 158

练习十 请确认自己的心意和感受 163

结语 169

自 序

告别自我消磨的生活方式

> 能够意识到自己的冲动,知道自己确切希望得到的和需要的是什么,是一项难得的心理成就。
>
> ——美国社会心理学家亚伯拉罕·马斯洛

人这一生,除了生离死别,还会发生很多莫名其妙的事情。

比如,跟你交情好的人,突然对你冷淡。

比如,原本要和你谈合作计划的人,突然失联,也没有任何告知。

比如,曾经让你对爱、理想、希望深信不疑的人,却摧毁了你的信念。

这些人,这些事,你可能会慢慢遗忘,但你依然会感到失意落寞、疲惫沮丧，甚至充满对生活的怨怼，对世界的不满。

你常疑惑，究竟是自己错了还是世界错了。

如果说是世界错了，为什么大家都表现得一切理所当然，没有什么好争论的？他们总是说："别想太多啊！不就是过日子吗？"或"你那么认真做什么啊？睁一只眼闭一只眼就好了，有什么大不了的。"仿佛是在嘲笑你的坚持。

越是想看清楚世界的规则，就越难找到万无一失的规则。越是想让别人满意，别人的不满和意见就越多。每天夜晚躺在床上辗转难眠，想着明天，有着难以控制的不安感，总是不知道自己究竟在追求什么。

即使你会感到快乐，那些快乐也极其短暂，短到用力回想也好像想不起来。

这就是我们的日常：以一种宿命的方式，消磨自己。每一天，都承受着各种束缚和压迫，为了生存做一些不得不做的事。

你的存在，本来就值得尊敬

难道我们活着就是要在消磨中、疲倦中，不断地耗损自己？

为了顺应这个世界的规则和各种生存需求，我们成了一个个泡在恐惧和不安缸里的人，导致各种病症发生：焦虑症、强迫症、抑郁症、心血管疾病、免疫系统失调、荷尔蒙失调、新陈代谢失调……

如果你想找回健康，请调整自己。无论是改变生活态度，还是改变过往的习惯：习惯把委屈和不平往肚里吞，习惯压抑自己的情绪和感受，习惯强迫自己忍耐或硬扛。愿这本书能让你拥有内心坚定的力量。

书中"人际关系界限"所使用的"界限"，是指一种范围和距离，意味着在关系中的两人或多人之间所需要的个体空间和关系距离，是根据关系亲疏和个人状态来调整的。

而"个体或心理界限"所使用的"界限"，则是指个体内在的空间中能维护、保障自主权和独立权的防护线，有"底线"之意。在这条线以内的地方，是禁止他人介入或干涉的，具有隐私保护的意味。个体界限或心理界限的存在，可保障个人的情绪感受、观点思维和行动选择，让主体能不受干扰地进行自我的决定。

在人生的各种关系、情境中，界限都建立在尊重彼此的基础上。我们都是独立的个体，既不依附他人，任人支配或剥夺权利，也不强行控制、操弄和剥夺他人权利。

因此，我们必须确立好自己的心理界限，并且好好维护，不过分插手别人的生活，把别人的人生揽在自己身上。因为我们有自己的人生课题，不应忽略自己最应该做到也是真正能做到的，即为自己的人生负责，并活出完整的自我。

我会从我们如何在人际互动中失守的界限谈起，让你觉察人际关系中被破坏和侵犯界限的情况，进而意识到让界限失守的关系陷阱，再到如何修复我们的内心。最后，为自己建立真正有力量的个体界限。

希望这本书能够陪着你找到生命的内在秩序与安稳的主体感，引导你去创造自己想要的生活，享有岁月静好。

如果我们只是按照自己的想法行事，

而不顾对方的感受，

那么最终的结果一定是：

我们变得趾高气扬，让人厌恶。

——阿尔弗雷德·阿德勒

第一篇

那些以爱为名的伤害

十种界限失守的关系陷阱

陷阱一　是刚刚好的爱，还是被控制的爱？

很多人给予亲近之人所谓的"爱"，是自己认定的、以自我为中心的，是"自己"看重的爱。

爱要刚刚好。

自以为是地为别人好的爱，那是控制。

擅自决定别人应该怎么回应的爱，那是操控。

过于看重"自己"的爱，就会忽视别人的存在。

没有界限和尊重的爱，大多是以爱为名行满足私欲之实的控制或操控。

只有尊重别人和维护他人的界限，爱才能刚刚好，不能以爱为借口，随意侵犯和占有别人的欲望，失去对他人最基本的尊重。

越是亲近的关系，越需要尊重，因为关系亲密，容易把对方的东西想成是自己的，剥夺了对方的主体性，并用自己的意念去控制对方。

爱一个人需要学习，才能把不成熟的爱，转化为成熟的爱。

在学习的过程中，我们要明白每个人都有自己的人生。就如孩子会成长，不会一直待在父母身边，他们有他们要追逐的人生，有要实现的自我价值。

被剥夺自主的孩子

不成熟的父母，把孩子当作自己的玩偶。指挥孩子、左右孩子，把自我意念延伸至孩子身上。自己怕寂寞，就要孩子停止成长，停止交友，停止恋爱，停止追逐梦想，徒留一具没有思考能力的躯壳。

绘本《手，琵琶鱼》讲了一个故事：妈妈生了一个白皙漂亮的小孩，妈妈很爱这个孩子，将孩子照顾得无微不至。这个孩子"饭来张口"，也不需要走路，因为妈妈会背着他走。

直到有一天，妈妈累了，想让孩子拿食物给她吃，但孩子说因为从来不需要用到手，所以手萎缩不见了。妈妈转而要求孩子背她走，因为她腿很痛，没想到孩子又说，自己从来没有在地上走过路，脚也不见了……

妈妈发现这个孩子完全不符合她的期待，像个废物一样，一气之下把孩子扔进海里，任由孩子在海中浮沉，孩子不停地哭，期待能重新回到妈妈的怀抱。

这故事让你联想到什么？这种宠溺和满足的行为，看似是爱孩子，却剥夺了孩子的自主权。

无限的满足，却养成一个只剩下大嘴巴的孩子，最后被妈妈嫌弃和痛骂，并丢到海里。这骤然的遗弃，让惊慌失措的孩子不知道自己到底做错了什么。

你有没有这样的经历呢，总是得不到父母的认同或肯定，常常被嫌弃和鄙夷？这些父母所谓的"爱"，其实是父母因先付出后要得到回报，所以要求孩子要听话、要按自己意愿干事，要温顺地做父母的玩偶。

然而，当孩子丧失了一些能力，无法回应父母更大的期待和要求时，就成了一个失败者，一个让父母想遗弃的人。在现实生活里，又有多少这样活生生的例子呢？

孩子必须完全符合父母在不同阶段的各种期待和设定。只能接受、服从，不能表现出个人意见、感受。一旦达不到期待和设定要求，就是一个让父母失望的失败品，应该被抛弃。

原生家庭是个体界限缺失的根源。假如孩子在小时候就不被允许发展为独立个体，长大后自然难以肯定自己的存在价值与意义。

陷阱二　有些人对你的亲近，其实是"侮慢"

一段关系不管如何亲近，都不能失去基本的尊重和礼仪。

亲近了容易生出"侮慢"，这是很正常的。

很多人误以为只要与他人的关系亲近到某种程度，就可以任意对待或随意要求他人。有时候，也不见得熟悉到何种程度，就装作有关系，厚着脸皮尽情索取。

这样的心态忽略了对方的主体感受，以及对方的立场和想法，自顾自地认定这段关系就"应该"是这样或那样。

支配和侵犯，是人际关系中不可忽视的影响。只要我认为有权力支配你，指挥你，你就不能有说"不"的权利和自主性。只要我觉得你地位比我低，资历比我浅，你的就都等于是我的，无论是时间、体力，还是资源、物质、金钱。

有时候，关系让我们不舒服，感觉不安，甚至引发窒息。于是，我们成为一个个孤单的人，不再与人亲近，也不再信任他人。

人只有将一段关系里的双方都视为主体，才不会漠视自己，又不会吞噬、控制别人。经营任何关系，都要带着觉察的意识，学会平衡与和谐的方法。

在关系里，试着做一个让别人感到安全和舒适的人，而非感到被吞噬和被控制的人。

在关系里被吞噬

人本主义心理学大师卡尔·兰塞姆·罗杰斯认为，虽然不同人的潜能有差异，但每个人仍会想着努力改善生活。假使让一个人生活在有益于成长的良好环境里，任其自由发展，就会培养出一个健康成熟的个体。这是因为人有向上和向善的本能。

反之，如果一个人受到压抑和阻碍，外在和内在就会承受冲击和压迫，就会试图否认自己的感受，以致自我扭曲的状态一直持续着。

很多人在这种压迫的环境下，一旦体会到关系靠近了，就会产生不适、失衡、被控制和被剥夺的感觉。而当冲突发生，他们要么指责别人冷漠、小题大做、小气，要求别人不应该有情绪；要么一竿子打翻所有人，认定只要是人，就会做控制、欺侮、剥夺的事，不让别人有机会亲近自己。

这种必须保持扭曲观点，以便应对自身和外界环境的冲突和不协调的情形，是社会中很多人容易产生的症状。

刚认识的两个人，为了给对方留下好的印象，都会刻意留意自己的言行举止，生怕惹对方反感，无法建立关系。但是关系进入稳定期后，曾经的细心留意被放在一旁，双方开始展现自己原本的习惯和作风，开始也不在乎对方的感受。

这种习惯反应，总是在传达一种思维：我就不想在乎你，我只想做我自己，你应该配合我实现我的理想，这是你的义务。

这样的关系模式和思维，通过原生家庭一代复制一代，还会波及朋友关系、同事关系、伙伴关系、伴侣关系、亲子关系。因为关系近了，就开始模糊彼此的个体性，并把对方视为满足自己的工具。

有多少人是以这样的态度和方式来对待另一个生命的？把生命当物件，把人当工具，去除生命的主体意愿和权利，随意使用和操控，然后再大言不惭地说这就是爱、这就是亲近。

如果对方真正在乎你，就不会不关心和不尊重你的意愿和感受，也不会对你进行强迫或洗脑。当你发现一个人要你照着他的话做，要你不要想太多、不要考虑太多、不要感受太多，而只需要听从他、配合他时，请不要怀疑，这就是"控制"，也是一种"侮慢"。

而当他说他不想在关系中太累、太麻烦时，那你就需要诚实地面对他在关系中付出的爱和尊重，可能会很少，因为他只是想从关系中满足自己的需要，而不是真正重视你们相处的这段关系。

陷阱三 当"帮忙"成为一种"索讨"

总有人企图"改变"他人,却不知道应该是帮他人忙,但帮助不能强求他人"改变"。

给别人不需要的东西,不是行善。

自以为的贴心,可能是干扰。

当一个人没有考虑别人的立场和处境,不去体会别人的经历,自顾自地认为自己是好人并有付出举动时,其实只是想满足自己的假设,想让世界符合自己的设定,而与他人的需求无关。

强迫人接受不是尊重,一切付出只是想满足自己的"期待",所以当别人拒绝和不接受时会非常失落。

总有人企图"改变"他人,却不知道应该是帮他人忙,但帮忙不能强求他人"改变"。

"帮忙"是:帮可以帮的忙,帮了之后就不要想了,放下执着。

想要用"帮忙"来改变别人,那是控制,也可能是一种轻视。

与人交往如果抱持"我帮你的忙,你要用我想要的结果来交换"的心态,就是交易和买卖,并不是帮忙,甚至是把互动当作某种计划的投资了。

帮忙，要为自己提供的帮助负责，知道自己可帮的限度和不可帮的范围。同时要明白是出于自己的意愿"帮忙"，而不是等着别人感激和报答。

当"帮忙"变质为一种筹码，或是刻意要让对方受惠，之后言听计从，视自己为最后的救赎，那就会走入一条死胡同。这样的"帮忙"最终会扭曲变形，成为别人自尊心上的一道伤口。

帮你能帮的，放下你不能帮的，在帮与不帮之间，请回归理性，清楚自己真实的能力和情况。切记不要为了自己的自尊或虚荣，就不顾一切地"帮"。如果不放下自己的意念和执着，这样的帮忙也只是为了强化自己比对方优越。

不要以为自己的阶层或层次比别人高。每个人都有自己的优势和劣势，每个人都有自己的长处和短处。帮忙，是一种协助和互补，我们都需要彼此的存在。正因为各有所长，我们的生活品质才能不断提升，才能更好地实现生命的价值。

不断索求回报的付出

有些人在帮了忙之后，还一直琢磨，甚至把对方的人生背在自己身上，非要想清楚对方能成为什么样的人，或有什么样的表现不可。

把自己的付出当作恩情，再来威胁或索求别人回报的人，本质上就是为了满足自己的利益和操控欲。这样的人，一旦你接受了他的给予或帮助，就会像是欠了高利贷，而且还是没有止境的高利贷，甚至会成为他夸耀自己和贬抑你的素材。

倘若你一时没能觉察对方的意图，稀里糊涂就收下对方的给予，之后就会上演无尽的噩梦，对方成了你的地狱，让你痛不欲生，水深火热，随时要活在一个对方要你记起恩情、还利息的处境下，让你困窘不安。

如果你辨识不清这样的情况，误以为自己得用一辈子偿还这无止境的恩情，否则就是忘恩负义，那你就真的会被绑架，会被勒索，会被无穷无尽地索讨。对方可能用一种极不合理的标准，要你像奴隶一样随时服侍他，满足他的需求和期待。只要他命令你，你就没有拒绝的权利。

把帮忙当恩情的人，早已做好往后索讨的计划。这种人在付出和给予的那一刻，就想好了自己未来的需求，以及可能遭遇的限制。就像父母生儿育女，如果不是想体验当父母要经历的学习和成长，而是考虑到未来要用这个孩子来保障什么或是索取什么，就会在孩子还小的时候给孩子灌输这种理念：养育是恩情，孩子必须以无条件的听从和满足父母需求来做回报。

这样的孩子，出生没多久，就欠下了巨额债务，而债权人就是他们的父母。这样的孩子，又能期待有什么样的机会发展自己的潜力，活出自己的价值呢？他们会不断地被催债、逼还恩情，疲惫不堪，了无人生乐趣。除非孩子能明白，养儿育女不是恩情也不是欠债，那是父母的选择和意愿，是他们爱的结晶。

人终归要明白，你真正能做的，是活出你自己生命的活力，你要好好地成为独立的人。活出你自己，好好地爱自己，好好地工作和生活。要明白，活着，是为了创造幸福的生活，这是人生意义所在。

陷阱四　受制于他人的"理所当然"

当你可以不受对方的情绪勒索，看清对方该有的责任时，你就可以建立自己完整的个体界限。

如果一个人没有个体概念，也就不会有界限概念，他认定自己所认为的，理所当然就是这个世界应该成为的样子。对他来说：别人只是他意识的延伸版，必须贯彻他的价值观和信念；别人只是工具，而非生命。

所以，他要喝水，叫你去倒；他要有钱花，叫你去赚；他有得到某样东西的欲望，叫你想办法提供给他；他不想处理的事，叫你去处理；他想回避的问题，要你去解决；他懒得想方设法化解的事，你就必须有能力去化解。

但真正让人不平的是，为什么这样的一个人可以生存在世上，而且往往还活得不错？他并不只是因为地位高，或有某种权力。

他是因为有"理所当然"的态度。让一些有能力并负责任的人，不分事情原委和责任归属，为了避免冲突和尴尬，出面承担，不顾一切地揽下本不是自己的任务和责任。

有人以这种理所当然的姿态和技能，走遍天下。但也有人学不会这理所当然的态度，甚至痛恨这些"理所当然"的人，于是压抑和克制自己绝对不能理所当然，对自己严于律己，不麻烦别人。

但这样自我要求严苛的人，却偏偏在遇到别人理所当然地来要求他、命令他时，即使为之气结，最后还是乖乖听命于他人。

怎么会这样？那是因为这些人内心除了压抑和克制外，无法在负责和不负责之间做好协调，无法更多元地思考与决定，以致压抑了自己的"理所当然"后，却承接了那些不合理的"理所当然"。

这是这些人内心的光明与黑暗特质分裂的结果，越是要自己以某种自认的光明面貌呈现时，就越无法处理和调节别人身上出现的黑暗面貌。要不就抵抗，要不就被压迫，因此这些人只能活在极端痛苦地自我纠结，以及自我冲突中。

摆脱受制于人的生活

尼采曾说，不能听命于自己，就要受命于他人。

不能自主选择的人，就只能受制于他人。

要好好经营一段关系，你需要深刻领悟：如果一个人既不积极思考自己的人生问题，也不自我训练和寻找分析处理问题的方法，就会处理不好相处关系。同样，如果你不积极思考和面对自己的人生问题，懒得自我训练，那也同样做不成事。

无论别人选择怎样的人生，那却是他自己的人生。关于自己人生应持的心态和人生价值观的选择，别人是帮不上忙的。

唯有自我调整，才能真正做出改变，或者修复过去的伤痛。

如果你一直想改变一个人，偏偏他一点都不认为他的人生有任何困顿和失衡，那么到头来，你们只会剩下争辩和无力感，难以相处，更无法有平等和尊重的对话。

当别人以理所当然的态度，指挥着你为他奔走时，你需要清楚地认知，你无须为了满足谁而去活成对方期待的模样。尤其在一段关系中，如果少了基本的尊重和界限，即使付出再多的心力，对方也不会感激你，你终将错付己心，白费力量。

而对于那种理所当然的人，你只需要保持距离，然后试着尊重别人和你的不同，试着理解每个人际遇的不同，这样就够了。毕竟人是自己生命的主人，改变他人，不是你的责任。

陷阱五　错位的安全感和依赖心

> 你若厌恶自己，凡事勉强自己，那么被逼迫的你只会有更大的沮丧和愤怒，不会有快乐。

很多关系，不是你觉得怎么样就怎么样。

你以为很好的关系，可能别人只是在同情你、可怜你或受制于你。

你以为成天相伴的友好关系，他人可能觉得很累很烦，内心很委屈很无奈，常常在背后埋怨。

你以为绝对"天长地久"的关系，他人可能在想何时离开才不会伤到你。

关于这种"不对等"的不健康关系，如果你身处其中并能识破它时，就要赶紧做出调整。

既然生命是活出来的，成长是动态的，那么，就不要幻想"永远不变""天长地久"，因为这是一厢情愿，也是拒绝面对真实人生和人性的表现。

人生是变化的，除非你不成长、不改变，别人也不成长、也不改变，那么或许大家可以一直停在某种状态，共生共存。如果你在成长，对方也在成长，就不会有不变的道理，至少关系的亲密程度，还是需要经历变动和变化的。

所以，处事对人以平常心看待。

所以，能走在一起时，感谢；不能走在一起时，还是感谢。

所以，能走在一起时，真诚；不能走在一起时，也选择真诚。没有谁一定要牵绊谁。

生命相聚有时，离散亦有时，每个人都要学习面对分离和各自珍重的功课。

那些人际关系的历程，是让你通过与外界相遇的人来认识自己、看见自己的内在，而不是拉住某个人做连体婴共生存在，不要以为这样就能在面对自己的人生时少费心力。

永远长不大的巨婴

如果你与别人建立关系，是为了巩固自己的安全感和依赖心，确保有人在乎你，永远把你摆第一位，那么总有一天你会失望。

因为任何一个人都不会把另一个人看得比自己还重要，不会把另一个人当作自己存在的目的，不会让自己的生命只绕着对方运转。

如果你习惯把别人放在第一位，那么你就会明白正因为如此，所以你才找不到自己，才会在关系破灭、对方消失时，那么惊慌失措。把别人当成自己运转的中心，绕着别人转，就会漠视自己，以为只要他在我身边，把他当作我生命的全部，我就不用面对自己的人生了。这样的思想，无疑是没有认识自己、关注自己和联结自己的能力，更不用说有充实自己的能力了。

越是用想象和期待来建立关系，关系所带来的重创和打击就会越大。被迫分离的残忍时刻必然来到，但即使很痛很受伤，也要试着面对真相，试着从幻灭中清醒，而不是让自己一直沉溺在幻梦中。

为什么很多人会有这种对关系的幻想呢？

这得从婴孩时期而来的天真、无知和幻觉说起。婴孩没有能力认知现实世界的残酷，婴孩的天性都是希望生活在幸福安稳的抚慰和照顾中，即使才八个月大，"自我"已在婴孩的心中埋下种子，婴孩甚至视他人为让自己获得满足、安稳和舒适的存在。所以，婴孩是全然以自我为中心的存在体。

在成长的过程中，随着生活经验的扩展，人们势必会在和他人的互动中，感受到他人和自我是不同的两个个体。我有自我，他人也有他我，建立关系和相处都需要很多的学习经验和过程。

但是，有些人却在这学习、成长的过程中受到阻碍了。这阻碍来自内心的协调力不足和适应力不强，于是无法调解外界和内在的冲突。

成长受阻碍的个体，无法理解"我不是世界的中心"这样的事实，不明白这世界是由各式各样的个体组成的，不是照着自己的需要和欲望而存在。于是形成了心灵的僵化，心中有着"非要不可"的渴望和需求，而且坐在以自我为中心的位置上要求并期待这世界，而不是学习和这世界互动、合作和协调。

　　成长受阻碍的个体，无法独当一面地去面对这个客观世界的存在，反而停留在幼儿的心智状态，全然以自我为中心，想要抓住任何一个来到他身边的人，要求对方必须满足他能够不费力活着的渴望。

　　但是，谁能一直负担一个永远长不大的巨婴的需求和索讨呢？除非是病态的共依存关系，或病态的相互依赖和吞噬，否则清醒的人一定不会赔上自己的人生，不再接受被缠绕和捆绑的关系。

　　想要通过缠绕、捆绑别人，来实现自己永远能被照顾和满足的期待，沉睡在这种幻梦中的人，往往不想醒过来面对这个真实且不完美的世界，这是他内心的设定。如果你身边有这样的人，你要好好想一想，要不要把自己人生的能量用在叫醒这样的人身上。

　　毕竟，负责自己的人生已不容易。

陷阱六　因害怕冲突而失去自我界限

> 那些被压抑的想法和感受，那些含含糊糊的感觉，终有一天会反扑。

有的人不理解别人的界限感，可能是因为他对界限的设立认知含糊。

这些人的世界就像是一大盆面糊，什么都是模模糊糊没有轮廓的。当看到别人有清楚的主张和观点时，这些无法充分体认自己主体感的人，就会气愤不平地说："我都这样被迫接受了，我都这样不得不出来承担了，为什么那个人仍是什么都不管？"

你是否常常出现这样的心情？当你发现别人可以置身事外，而你却不能那样做，那么你真正需要弄清楚的问题是不是："为什么他可以？"

你需要洞察的是："为什么我不可以？"或是相对正向一点的："为什么他可以拒绝，我却坚持承担？"

习惯回避内在的自我探索，就只会停留在表面，像个闹脾气的孩子在说："为什么他有糖，我没有糖？"翻译为成人的心态就是："为什么好处都是他的，我却没有好处？"

不懂得自我探索，你就无法很好地认识自己，也就难以厘清内在的你是被怎样的情绪阴霾笼罩的。

漠视自己的主体感受

为什么会有人不注重考虑自己的感受呢？

因为一旦正视内心吵闹不休的"不公平"，他就会生气，想抗议，如果他管理不好自己的情绪，还会和身边的人闹翻。于是忧心忡忡的他，选择忽略自己的感受，欺骗自己说："我没什么想法，没什么感觉，都可以，都好。"避免落入被别人排挤的困境中。

为了不被排挤、拒绝，他强迫自己迎合他人，不断说服自己"不要紧的，算了，无所谓的"。

然而那些被压抑的想法和感受，那些含含糊糊的感觉，终有一天会反扑。当看见或听见有人不把别人放在第一位，而从自我主张或是自己的感受出发，他的不平和愤怒就会膨胀和夸大。原本很少的负面情绪，瞬间变形成巨大的怪物，想要把他人毁灭，也把自己毁灭。

想想，如果一个人可以体认到自己的主体感是重要的，而能做出真正想要的选择，也愿意承担结果，那么他一定可以充分地了解到，这是自己的权利，也是自己的责任，每个人都只能好好地为自己做决定。如此，当一个人面对别人时，他也会认为别人要好好地决定自己想要的选择，这是别人应当享有的权利，也是别人自己承担责任的代价和回报。

人只有懂得尊重自己，才能同样懂得尊重别人的决定和选择。

陷阱七　强迫式好意与关怀

任何的好意或关怀，只要会带来痛苦和伤痛，就是强迫行为。

你身边是否出现过这样的人：自顾自地认为，他是你的亲人、朋友，所以有义务要帮你走在他所谓"正确"的人生道路上，于是，他把他认为的正确与好，用强迫的方式施加在你身上。

他们做了伤害别人尊严的事，却用"我是为你好""我是好意的"来为自己掩护，仿佛只要这样说了，别人无论感受到什么羞辱或歧视，都要欣然接受。

人，有拒绝的权利。你当然有权利拒绝接受他人所谓的"好意"。但一直以来，你习惯接受这样的好意，即使好意的本质其实是控制和强迫，你也要自己收下好意，不去在乎或计较那些人使用的方法。即使他人对你有诸多不切实际的批评、主观的评价、自顾自地发表高论等，你都默默忍受，还要表示感谢。

你习惯了合理化别人的不合理，习惯了否认自己的不舒服的感受。渐渐的，即使人家根本没有向你讨教，也没有请求你的帮助，你仍会自愿"帮助"，认定这是为对方好才有的劝诫和提醒。

不必非要做"烈日冬阳"

其实，你不必强迫自己做别人的烈日冬阳，也不必非要证明自己善行感人。别人有权利悲伤，有权利哀悼，有权利经历他想经历的生命体验，有权利决定如何实现他想要的人生，成为真实的自己。

当你不尊重别人是自己生命的主权者，而想让他人听话，走向你认为的理想人生时，即使你的心意再好，或如何的用心良苦，终究会因为失去尊重别人的主体性，而被视为一种强迫行为，引发别人的反感和防卫，别人无法认同你，甚至想抗拒你，推翻你。

越是你重视的人，越要让他感觉到自己生命的价值和能力。不要一边削弱他人的能力感，践踏他人的自尊，一边说你是为他人好才会那样做。就像是把人打到重伤，再帮他敷药包扎，说这样是为了让他多些能耐去承受残酷的现实世界。

事实上，真话若是很伤人，那真话也无益处。伤害就是伤害，怎能将其包裹在甜言蜜语里面呢？那反而让人错乱，让人无法真正面对被伤害的事实，提出抗议。

我们要明白，任何好的关怀或善意，要能真正传达给别人，让人可以接受，再成为他成长的助力，这个过程需要很多正向关怀的态度和正向成长的环境，才能让善意成为助力，让他人接收到爱和支持，愿意让自己的生命往好的方向发展。

如果只是出于好意，就自以为可以不尊重他人和他人的主体权，以强迫的方式控制和命令，那么这所谓的好意，就只是在巩固这个好意背后僵化的价值观和执着而已。

陷阱八　期待别人来填补内心的缺憾

当我们固执于理想化关系的期待，特别是对家庭或朋友角色抱有完美期待时，我们是感受不到爱的，有的只是一次次的失望和愤怒。

我们总在听着他人的故事，流着自己的眼泪；在看着他人的遭遇中，看见自己的影子；在感受他人的痛苦中，想着自己的解决方法。但还是要在那么一刻，不得不了解到，这一份连结、一份共鸣或是共感，终究是彼此各自的投射和情绪寄生，我们都只是在别人的身上，反映出自己过往的失落、痛楚和亟欲掩饰的缺憾。

你得清楚地知道"你是你，他是他"，如此才能停止过多的投射、想象和期待，停止过多的自我诠释，给对方与自己独特的生命空间。

人在一生中，要好好地思考，面对和解决自己的问题。人，终究要学会诚实对待自己、感受自己，无论如何，这都是别人取代不了的。失去界限的共依存，其实是把别人的生命当祭品，用来温热自己曾经的残缺之心。

比方说，有一家公司，应聘人以年龄来排行位置。进去比你早的人，去除了人的本名，你需要以长幼有序的"哥""姐""弟""妹"相称，而老板和老板娘，则是统一称呼为"父亲""母亲"。

一开始，你会很感动。认为在这样一家公司里，可实现你长久以来觉得自己的原生家庭不温暖、没有爱的遗憾。这一份犹如家人身份的称谓，让你很快就会产生认同感和归属感。

对刘萍来说，就是如此。她觉得产生了一份有别于自己在原生家庭的情感，她暗自决定要为自己的公司努力工作、无限付出。

一开始工作的前半年，大家总是时常来问候刘萍，询问刘萍的家庭背景和成长经历，也会探问刘萍的感情生活。刘萍总是有问必答，认为那是一种关怀和热情，大家似乎对她很友好，充满兴趣，想了解更多，这让刘萍觉得有种关系很快亲近的感觉，也就依照自己内心的想法回答。

但渐渐地，刘萍在茶水间或是会议室中，听到同事们交头接耳讨论她，自顾自地评论她，对话中有许多贬抑或是否定的内容，甚至会把她的家人的事情当作茶余饭后的闲聊话题。

刘萍感到越来越不舒服，有种不自在和被窥探的感觉。甚至，她听见她称呼"某姐"和"某哥"的同事，背地里评论自己是情感关系复杂、不单纯的女孩。她不敢相信他们竟然说出这些没来由的话，她怎么就成了一个行为不检点的人？

而在工作上，"父亲"和"母亲"也开始交给刘萍许多和工作内容无关的事务，例如接送小孩，或是陪小孩去参加学校的露营活动。甚至家里招待客人，找不到打扫屋子的钟点工，也会叫刘萍放下手边的工作，到他们家里去打扫。而这些事情似乎都落在刘萍身上，其他的同事不仅很会推拒，同时在刘萍被老板指示时，完全不吭声，置身事外。

刘萍说不清楚自己的感受，好像有种不能帮自己表明立场的权利，也没有拒绝接受指使的权利。因为"父亲"或"母亲"会对刘萍说："我们重视你，把你当自己人，所以才会把家里的事交给你办。""年轻人不要爱计较，多做事，才能得到别人的喜欢和提拔。""你在外工作，就是要靠公司的同事照顾你、帮助你，没有我们成为你的依靠，你要怎么生存？"

就这样，刘萍似乎被一种"当你是自己人"绑架了，为了要当自己人，刘萍不能有个人想法和意见，也不能有自主的选择权和意愿。就像当一个人开始要找回自己的权利时，他就成了这个群体的背叛者、不忠诚者。在刘萍开始要为自己的立场和意愿表态时，不只是老板，同事也开始指责刘萍意见多、不会看脸色、给脸不要脸、不知天高地厚、翅膀硬了等，施以许多具有压迫性的语言。

刘萍原本以为自己只身在外打拼，幸运遇到一家犹如家庭的公司，老板和同事会像家人一样相互照顾，对彼此充满包容和体恤，愿意慢慢地培育她，让她在安全的环境中成长，没想到不到一年时间，刘萍就感到心力交瘁，内心充满种种冲突和矛盾，在自我怪罪和质疑外界之间拉扯，始终弄不清楚问题出在哪里。

刘萍不停问自己，为什么在这家公司，每天都感到提心吊胆，害怕听到别人的指责、批评和劝诫？

对理想化关系的幻想

这种将职场关系混淆为家庭关系的故事，在社会上屡见不鲜，说明当我们执着于对理想化关系的期待，特别是对家庭的美好想象时，不仅得不到那样的亲情之爱，同时也会被剥夺自我的完整性和自主性，以为只要消融自我，融合进另一个群体，就有机会实现脑中对于亲情的理想化期待。这其实是自欺欺人，欺瞒自我只要听话顺从，合理化他人的控制和支配，就能得到想要的情感归属和生存依靠。

只要这样的幻想继续存在，个体就不愿意正视原生家庭是不尽完美的，那么，就算是一直更换对象，更换群体，也以为会有完美对象、完美群体存在，结果是一次次地感受失望和失落。

人不论是对家人还是对朋友，当抱有这样的完美期待时，是感受不到爱的。因为这时的关系不是建立在情感累积上，而是一方将关系视为满足自己欲望的工具，关系中的"他者"需要负责做好被期待的角色，而非真实地被认识和被了解。

如果不是真心地愿意为对方付出，就不会具有轻易放不下彼此的感情连结。人与人之间真正的情感来自真挚的牵挂，那种情感是谁也取代不了的，任何事情都不会让他们违背互相爱护的承诺。

若是对方不合自己的心意，有摒弃和讨厌对方的想法，那么你也体验不到深层爱护的关系，你们之间的关系也只能算是虚伪的羁绊。

究竟你所在乎的情感关系，是虚伪的羁绊？还是真挚的牵挂？衡量下在你心中放不下的那份情感，属于哪一种呢？

而所谓放不下的情感，会不会最终让你失去与他人的关系界限，盲目地以他人为自己生命的重心，以为只要紧紧抓着关系，就可以弥补及救赎过往自己失落的爱、失去的期盼呢？任何关系如果不是建立在相互尊重和理解的基础上，很容易沦为弥补和代偿过去创伤的工具，因此算不上高质量的亲密关系。

陷阱九　错把别人的人生当成自己的

人性很复杂，不是你想给，别人就一定会收下；而有时别人想要的，你也不一定给得了。

只有自己可以改变自己。别人的启发或引导都只能起辅助作用，真正促成自己改变的，是自己的动机，如此才能有动力。

其实你不用顾着为别人操心，也不用给自己找借口，寻求内心需要的认同。你必须清楚地知道"操心他人应从现在开始，就不是我的课题了"，这样才不会轻易地越界，甚至招惹是非。

"课题分离"是阿德勒个体心理学提出的理论，主要是论述每个人都有自己的人生课题，你只需负责好自己的课题，不要干涉或介入别人的课题。别人的人生，不是你的人生，不是你想要他人怎样就能怎样的。

阿德勒认为，人际关系的问题大多出于某一人对另一人的课题强行干涉和越界主导，导致出现混乱、矛盾。

许多人把自己的课题推脱给别人，又不自觉地去干涉别人的人生课题。例如"你要做得让我可以信任"，这样的认知就是出于对彼此课题的混淆不清。

以课题分离来说，你能不能信任别人是你的课题，你要信任或不信任，都由你决定。他人的课题是，如果他人想获得别人的信任，他就需要去学习并决定自己表现出什么样的行为，才可以让别人更信任他；如果他没有想让别人有更信任他的动机，那也是他自己的事。

课题混淆的现象之一，就是人际关系里常出现这样的牵扯："因为你……我才会……"或是"如果你不……我也不会……"。例如，一个妈妈对大学毕业还未找到工作的孩子说："你赶快找工作，你如果不赶快确定工作，我就会心情紧张、焦虑，睡不好。"

在这个例子里，孩子的人生课题是，寻找自己想从事的工作，以及如何迈出工作第一步，从而进入社会。妈妈的人生课题是，照顾并调节好自己不安和焦虑的情绪，学习面对自己的人生目标，经营有意义的生活，而不是盯着孩子不放，干涉孩子应该自己承担的生命课题。

这种混淆很常见，你可以从日常生活中发现许多相似的例子。

空白的内在激励

当孩子或晚辈受到这种名为"为你好"的干涉时，他们即使勉为其难地去做也做不长久，甚至可能尝试一下就打退堂鼓了。为什么会这样呢？是因为太懒惰，还是因为能力太差？

这样的情况是因为他们还没找到内在动机，也就是内在激励。只有外在激励（社会期待、工资、头衔、别人肯定），而没有内在激励的人，即使为了外在的缘故去尝试，或看别人这么做就要自己也这么做，但却不知道自己为何这样做？他们没有目标，也没有自己想实现的生活意义，更没有自己的理想，他们就像是一台没有引擎的车子，根本开动不起来。

社会环境让我们对自己的内在激励、内在动机如此陌生。从小到大，孩子无论做什么事，学什么才艺，或是读书，写功课，很少是自动、自发的，都是被安排、被规定和被要求的。孩子像是一个物件被拎来拎去，放在某个地方做某件事。

很多人就是这样长大的，一边觉得无聊，一边心不在焉，用各种转移注意力的方法把时间消耗掉。所以，他们不知道专注是何物，也有很多人不能体会一种投入且专注的忘我状态，不知道把自己的心思投入到某个有兴趣的目标是什么样的感觉。

因为没有这种愿意为了自己内心向往且欣喜的事物或目标，付出自己的专注力和努力的经验，他们大多数的人生时间，都是听从别人的安排，如果没人安排，他们就不知道自己想要去的方向，也不知道自己想要实现或成就的目标。总之，他们对于自己想成为何种更好的人，完全没有想法。

他们不习惯倾听自己的内心，在开始主导自己的人生时，很难明确应该先要往哪里去。

可是，这是他们的人生课题。

如果他们不探索和觉察自己的内心，别人给的建议或意见，只会徒增混乱和困扰。即使他们勉强去做了，也很难做好。而别人再焦急、再忧虑和再不耐烦，给他提意见和建议，也无法真正帮得上忙。

任何一种人际关系都是如此。自顾自地为别人烦忧或焦虑，或自以为把所有的心思都放在别人身上，铆足力气想要表现得愿意为他人付出，到头来可能只是在满足自己的内心需求，想让对方认同自己所谓的付出。

不要错把别人的人生当成自己的，然后对别人的人生指手画脚。

所有人都一样，任何人的人生功课，不自己做、不自己练习，无论日子过多久，仍是学不会如何过好这一生。

陷阱十　左手索取，右手怨怼

你依赖、眷恋、耽溺，可能是因为你不想负责、承担、开创自己的人生。

如果你真心想要主导自己的人生，就别用低姿态去索求关系，不论是与父母、伴侣、子女、朋友或同事的关系。

"关系"不是讨来的，是需要建立的，需要交流和互动。你不能因为关系亲近了，就随意发泄情绪，把情绪当武器去攻击对方。你要做的是表达、沟通和讨论，不是什么都不做，就"想当然"认为对方要满足你的期待，让你事事都感到满意。

没有人应该将你视为他生命的中心，就如同你不该将任何人视为你生命的中心。

如果他们试着满足你，那是因为他们愿意回应，而不是因为你的威胁和索求。

如果你害怕分离，担忧分离带来"关系冲突"或"关系断裂"，那么，你要学的，是在勇于承担责任的同时，学习拥有和他们保持适当心理距离的能力。不是全然接受，也不是全然拒绝，这两种极端做法都是不可取的。

如果你不试着学会对自己友善和尊重，你也无法学会对他人友善和尊重。最后终将辜负别人的心意，也成为自己非常厌恶的人。

你是你人生最重要的启发者，不要期待别人能给予你什么人生捷径或秘诀。当你开始要过自己的人生，那意味着你要陪伴自己走出一条属于自己的路。

如果你学不会离开父母去探寻一条走出舒适圈的路，那就难以独立，也难以实现自己想要的人生。

毕竟，你依赖、眷恋、耽溺，可能是因为你不想负责、承担、开创自己的人生。

成年后的你依然是个依赖的孩子？

别占尽了自己想要的好处，就开始嫌弃曾对自己很好但不是你喜欢的人。如果真的不喜欢，不想要这样束缚或不快乐的关系，就要学会分离，放下那些你拥有却不满意的一切，靠自己去找寻自己真正渴望、会让自己快乐的生活。

在成长的过程中，你要学会选择、取舍以及担当。不能一边依赖父母所提供的住所或供应买屋成家的资本，一边埋怨父母为何要控制和干涉你的生活。如果你想拥有自主权，那么也该把自主权还给父母，别总是以孩子的身份去占用他们的资源或向他们索讨。

或许你会说:"因为我过去做孩子的时候,都在满足他们的控制欲和支配,都在做一个乖顺的孩子,我失去了拥有其他人生经验的机会,所以现在要他们补偿。"如果这真是你的想法,你要留心你是不是抱持要和他们赌气的意念。如果是,你的心念已经将你带到继续赔上自己的人生与之纠缠的命运上。

如果与父母继续纠缠是你想要的,那么,这也是你的选择。你一边依赖和耽溺,一边怨怼他们苛待你,没有人可以强行制止这个恶性循环。但是,你需要思考如何独自开创出自己的未来,走出自己的路。

如果你的父母尚在,那或许你还能把他们当作怪罪和怨恨的对象,以此作为你回避和摆脱自己生命责任的借口。但有一天他们离开了,你还能拉着谁来回避生命责任呢?

那时,你就要成为自己的照顾者、支持者、供养者、回应者。如果你不想延宕自己的人生,就不要等到那个时候才开始学习,现在就开始去尝试面对分离,面对承担,面对取舍,接受不完美的存在,停止想要全好和全有的念头。

你可以试着从自我出发,好好思考什么是自己想要的人生,以忠于自己为出发点,而不再是为了让谁认可或让谁肯定,或是让谁服气。

如果你开始这样做,假以时日,就能渐渐地安于自我的选择,也能安稳地陪伴自己,经历自己人生的四季,凝视和观看各种风景。

有许多人的不公评价和武断定义，
引发你的愤怒、焦虑、痛苦或沮丧。
他们就像是你人生旅途中的绊脚石，
延迟你的前进，甚至让你一时间茫然、不知所措，
不知道自己究竟要何去何从。

第二篇

那些以自我为中心的人

——

形形色色的操控者

第一型　责任感偏执的操控者

> 你周围的人都过得很好，都拥有他们想要的生活了，你不需要再付出、辛苦了。

很多人总是把不属于自己的事也揽在身上，你是否也如此？

别人的情绪，无论是开心还是难过，都是你无法负责的。

别人的言论，即便再恶毒，也只能显示他的人格素养，也是你无法负责的。

别人的生活，想要好好过，还是糟蹋过？这一样是你无法负责的。

总想着负责别人的事，却一直把自己的事丢给他人，是生活错乱的开始，更是人际界限模糊的开始。

你应该过好自己的人生，让自己不成为别人的负担，也不成为别人的问题。你需要的是好好使用自己的心智和能力，去承担自己真正能够负责的事。

负责别人的事，或对别人的事指手画脚的人，真正想做的是控制，这样的人心中有一个自以为正确或正义的标准，只要遇到不符合他认为的标准，就会感到痛苦、愤怒、失望，不能真正地面对自己的情绪、承认自己的感受，总想要去控制他认为不应当的事情。

这样的人自以为只要解决外在的问题，也就是控制好他很烦的那个人，让他不要做错事，自己就不会被牵扯了。这样的人甚至还会想象自己没有去纠正对方，后果一定会很糟糕。

这种夸大的、不理性的想象，起因于内心"只有唯一的标准"，即凡是不符合他认定的标准，都应该被纠正，以致他就像是一把铁锤，别人都是钉子，他见一个砸一个。

若你自视为铁锤，别人都会是钉子

有句话说："你戴什么颜色的有色镜片，你眼睛看出去的世界就会是那个颜色。"我们的观点和角度，就是有色镜片，在我们没有察觉时，就会默认用那样的观点和角度去解读世界、判定世界。

一个总认为别人会出错、只有自己最正确的人，他所看见的世界会是别人总是出错的糟糕世界，他认为没有他来纠正和监督，所有人都会懒散、怠惰。这种人活得像把铁锤，每天都与人针锋相对，都在敲打、校正他人。

这也是一种以自我为中心的表现，认为不需要去理解别人的立场和观点，也不需要理解别人做事的缘由或是脉络，只要自己看不顺眼，就想着指责、批评和否定。

这种行为看似很有责任感，但其实是掌控欲在作祟，想把世界塑造成他想象的模样。他自认为所有人都应该活得很正确，很高尚，很优秀……如此一来，他就不会因为世界的失序和不完美而感到困扰。

你有没有这种倾向呢？这其实是一种偏执：偏激且执着。仿佛这世界只能是你心中认定的世界，而不是这个世界原本的模样。抱持优越感的人，也有这样的想法，以为自己处于社会的顶端，站在世界的中心，任何人都必须按照他的设定运转。

这种态度，有多少是源于自卑感引起的优越情结呢？有多少是来自无法面对真实存在的匮乏所形成的自恋型人格呢？我们下面讲解。

第二型　多米诺骨牌效应的失衡者

把能量花在错的人身上，将使你精疲力竭。

人的一生会经历很多混乱的情况，举一个例子：有人莫名其妙地把他的人生问题丢给你，认为你"应该"帮他处理，而且不论他需要什么，你都应该满足他，不然你就是无情无义、自私自利、没道德、没良心的人。这种情况下，如果你被动承接了他人的情绪和人生责任，那么你可能也会把自己的情绪和人生责任丢给别人。

这是人的补偿心理，你不小心承担了别人的人生课题，你觉得被亏欠了，所以想从另一处得到补偿，就会心理失衡地期待着他人来承担你的人生课题。

你如果没有试着去认真思考，总是为他人担忧，就会活得很累很苦，还会哀怨地想为什么没有人来给予你所需要的支持。

你自己希望有人来拯救你，让你活得不那么辛苦。于是你总是疑惑：为什么自己要这么辛苦？为什么别人的生活好像很轻松的样子？

你的思绪像是一团打结的毛线，想不清究竟是什么让你那么辛苦：是你必须活得那么辛苦，还是如果你不活得那么辛苦，就会觉得不安和内疚，对不起身边某个很不幸的人？

陷入寻求补偿的恶性循环

很多时候，我们就像多米诺骨牌一样，他人推倒我，我来推倒你；他人剥夺我，我来侵占你。我们身边那些无法离开的人，就是我们选择侵犯的对象。

一个人被侵占和剥夺后，就会侵占和剥夺比自己更弱的人。这就是补偿心理，明明遭受到某个人的压迫或恶意对待，却把脾气发在身边的人身上。这也是许多伴侣或孩子被当成出气筒，承受恶意对待的原因。

不要小看这种需要平衡的本能，一旦心理失衡，人们就会想办法从别人身上或别的地方把这种被亏欠的感觉"补偿"回来，人们自身也难以觉察这种行为。这样的剥夺，是人际关系的毒素，会让人深陷在不健康的氛围中，直到生病、死亡。

在我们的人生中，建立界限并不容易。没有界限概念，界限含糊不清，几乎是很多人生活的日常。回想你从小到大的经历，是不是说过许多下面的话？例如：

"你不要那么爱计较。"

"吃亏是福。"

"算了算了，大事化小、小事化无。"

"能者多劳，有能力的人就是要多做一点。"

"你要多服务别人，服务别人是有爱心的行为。"
"不要有意见，叫你做，去做就对了。"
"让你多做一点，是看得起你，不然拉倒。"
"你那么小气，只是用一下你的东西，有什么大不了。"
"都是为你好，才要你这么做。"

例子很多，这些在"我""你""他"之间混淆成一团的观点、价值观、人生信念，总是让我们过度承担别人的责任，又把自己的责任推卸出去。

其实，你真正要完成的是自己的人生课题，能成为的也只有真实的自己。如果心里装的都是别人的观点、价值观，那你，还是你吗？

如果你要成为真实的自己，那么，你真正要做的，是通过设立和维护界限，认真分辨："哪些是我的想法""哪些是我的感受""哪些是我的选择和决定"。然后把别人的想法、感受和选择归还给他人，而不是揽在自己身上，这样你才能丢掉许多无谓的焦虑与烦恼。

第三型　理所当然的索求者

理所当然的态度，是许多人生问题的来源。

人际关系界限不清的人，对于他人谈论界限，通常会感觉不舒服。由于他想到的，不是为他人奉献、给予，所以不解为何人和人之间需要界限。相反，他是怕别人不为他承担他不想面对的事。当他想把责任丢给别人时，如果身边的人都有界限感，知道应该让他自己负起责任，那岂不是会让他觉得难受？

如果仔细观察，你就会发现这种人从来没有想过要负起自己的责任，因为那太累、太难了。只要身边有人回应他表达出来的需求，并且有帮他之意，那他又何须了解人际界限的存在呢？又何须尊重他人的选择和意愿呢？

假如你的身边恰好有这样的人，你是如何与之相处的？他又是如何跟你互动的？

如果你知道人与人之间应该存在界限，是维护自己作为完整个体的基本权利，那么，你要否定那种情感操控言论，不要再轻易被内疚感和高道德感所绑架。

举一个例子：一位母亲从不要求儿子对自己负责，承担起自己的人生，却总是要求女儿照顾弟弟，完成母亲做不到的事（比如经济条件不足），帮助弟弟过舒适的生活。

这是不合理的要求，但姐姐碍于内疚感（因为得不到妈妈的欢心而失落）以及情感操控（不让妈妈放心就是坏孩子，就是不孝），放弃自己的思考能力，不但不去探究造成这种局面的根源，反而将母亲的要求和说法"合理化"。

家庭里的相互控制与伤害

没有个体界限就没有秩序，也就无法厘清头绪，更无法让自我独立成长。

如果一个家庭或组织，总是有意无意地破坏人际关系界限，并且蓄意模糊个体界限，想以相互依赖来获取生存的保障，其中一些人甚至希望能不劳而获，这样的家庭和组织必然是不健康的。

缺乏理性思考能力的家庭关系模式会在代际之间传递，下一代会持续以非理性的方式来思索人际关系和人生问题，还会仰赖情绪化的生存模式。

一个界限模糊的家庭或组织，其中的成员都必须接受这种非理性的思考模式，并且把个人权利和自主权利被剥夺的情况合理化。这样，共生结构才能一直延续。

当有家庭或组织成员从这种不健康的互动中清醒过来，大声说出这是一种情感剥夺时，已经被这种环境同化的人，就会怒不可遏地指责那位家庭成员是破坏者，批判他打破了约定俗成的规矩。现实中，很少有人无惧于被孤立，会勇敢地保持清醒。因此对这种界限模糊的现象，大多数人都选择保持沉默。

这样的家庭或组织，遇到危机时做不到直面问题，而是推托或回避问题，因此常会出现问题恶化，彼此相互控制又相互伤害的现象。

第四型　习惯怪罪别人的道德家

人际关系是一切问题的根源。

——阿德勒（个体心理学创始者）

为什么谈及人际界限（即各自承担自己的责任），总有人关联到自私自利呢？

界限，是一个完整独立个体的概念，有自己的感受、思想和自主选择权。当你是一个完整的个体，会因为界限的存在，被界定什么是你的个性以及你的观点、感受、情绪、选择、所属物、权利等。

一个没有完整独立概念的人，如何与他人建立平等关系，又如何与他人进行交流呢？一个不完整的人，又如何真正尊重他人生命的完整性呢？

如果一个社会非常排斥"界限"的存在，那么只有一种可能：这个社会拒绝接受人可以维持完整独立。在这样的社会中，依赖性强的人多，控制性强的人多，排斥异己的人多，依赖控制欲强的人也多，这些人让界限混淆不清，表面上说"不要计较这么多"，实际上却是"我滥用你，侵犯你，你也不该有意见"。

实际上，不谈界限的人，不顾别人感受的人，才是"真"自私的人！重视界限的人，可以担起自己的责任，也会照顾好自己的生活。他们不仅懂分寸，也懂得尊重别人的意愿和选择。

习惯怪罪别人

为了逃避自己不想面对的责任，为了拒绝个人成长需要学习的课题，很多人会"合理化"地怪罪别人，期待他人替自己背负责任。

就像是父母，必然有需要学习的课题和面对的困难，包括如何在抚育和管教孩子之间求得平衡，如何与孩子建立关系，如何引导孩子学着面对自己的人生。但不负责任的父母，会忽视自己需要学习的课题，不把职责当回事，甚至把这种责任推给孩子，怪罪孩子没能讨自己欢心。

还有一些父母不仅没尽到教养的责任，还在孩子成人之后索讨，认为孩子是由自己所生，就应该无限满足自己的索求。

这本质上是一种"退行现象"。这种父母往往以自我为中心，很难理解什么是人际关系，以及"每一个人都是独立完整的个体"这样的概念。他们在生活中，不具备"思考"和"处理"的能力，只顾着存活这一最基本的生物需求。

这样的人为人手足、同事、伴侣时，也会用毫无界限的侵犯力，毫无顾虑地吞噬和侵犯别人，剥夺别人的权利。一旦有他人反对，抵抗，或是提出任何异议，他们就会表现出强硬的姿态，不容许他人拒绝或表达个人意愿。他们无视别人的想法，得寸进尺，一次比一次要求得多，甚至不会询问或倾听他人的回应。他们以强迫的方式对他人加以施压和要挟，完全不尊重他人。

  人与人相处需要基本道德，良好的美德更是促进人际合作的重要动力。但如果有人用道德来绑架别人，却从来不要求自己，这样的人实质上是人际界限的破坏者：他会通过控制他人来满足自己，极尽所能地破坏他人跟他之间的界限，进而勒索他人，吸尽他人的生命能量。

第五型　相互依赖和索取的共生者

你的平稳和平衡不复存在，因为你早就把自己依附在他人的体魄里寄生。

那些总是对你指指点点的人，关系界限往往混淆不清，习惯把自己要负责的事丢给别人，或期待有"意外"发生，让他们不用负责就可以有所收获。这种人习惯以各种方式和姿态来要求他人的承担、牺牲，或是无条件给予通融，却不反思和检视自己的行为。

这种不为自己负责的心态，使他们的人生一直在"不思考和不承担"中循环往复。如果他们身边刚好有一位喜欢通过"拯救"别人，来获取"自己是好人"和"自己好有能力"这种虚假满足感的"朋友"，那双方就会一拍即合，成为紧密的共生体，相互依赖和相互索取。

共生的依赖与索取

在这样的共生关系中，抗拒为自己行为负责的人，因为很少需要为自己的所作所为付出代价，所以也不会反思自己的行为。他们放弃作为人所具备的学习能力和自我充实的机会，毕竟存在某些人能为他们承担和负责，于是他们继续享受不劳而获的快感。

拼命负责的人一边担忧地说着："怎么办呀？你的生活怎么会有这么多问题？"一边扛起那些问题，拼命指挥和指导，甚至直接解决，务求迅速。这些人通过解决别人的问题来摆脱自己的生存焦虑和低落的价值感。他们可能会制造别人需要他们的假象，或是给别人贴上"不幸的""可怜的""无助的"等标签，认定他人无法学习，也无法从经验中获取历练，需要自己介入。

但是，这种看似合拍的共生关系真的能够长久吗？刚开始大家各取所需，相安无事，但负面情绪也在慢慢累积。等到"拯救者"承担不了了，或是能量消耗殆尽，就会转变为"迫害者"，批评依赖者的无能，并强迫依赖者做出改变，甚至对依赖者恶言相向。

这样的关系模式和互动方式，又岂能轻易断定哪一方是受害者呢？双方在不知不觉中成为彼此的加害者和受害者，依赖者无力负担自己的责任，"拯救者"怨叹自己的付出没能让依赖者成为一个像他一样有能力、有担当的人。

依赖者总能让别人卸下对他的戒备，或以无辜的面目示人，或以不知情的姿态出现，更多时候，他们会表现出强烈的无助感，让人产生"保护欲"，不忍心让他们受挫和失望。

这种人比比皆是。回想一下，在这个充满利益竞争的社会里，你是否经常无意识地被剥夺和被侵占，甚至理所当然地认为剥夺和侵占别人也没什么大不了？

第六型　理性／感性功能错乱者

若将痛视为生命里的理所当然，试着与痛共处，或许痛会向我们揭开生命的另一层体验。

需要理性思考的时候，情绪完全覆盖了思考力，绑架了"理性"，让内心处于无法思考的状态。

需要发挥感性、情感功能时，即要好好表达内在的情感时，又受"理性"压抑或束缚，于是抑制内在的情感，避免宣泄自己的情绪。

这种无法行使不同的心智功能，拿捏不好界限的状况，是人际关系界限混淆的开端，也可能是生活混乱的根源。

想把握好人际关系界限，就要清楚自我各部分的功能界限。情感和思考，同样重要；一旦存在偏见，就无法明确地运作。

理，情，都需要练习。

思考功能是有必要的，诸如：运用逻辑思考问题和解决问题的策略，客观评估问题的起因，预估问题带来的后果，这些都属于认知思考的功能。

思考功能被覆盖或抑制的人，大多因为无法控制情绪，一冲动就难以冷静下来，无法理性思考。

同样的，情感功能也有存在的必要。情感是个体与群体之间得以联结、交流和凝聚的桥梁。通过情感的传递，我们能获得存在的意义感和归属感，也能在情感共鸣中体会亲密感和依恋感，以此来减少孤独感。

一个情感功能受到抑制或是缺乏情感能力的人，难以和他人深度交流，也难以跨越自己的孤独，去和他人产生联结。他人也无从接触到他的内心感受，无法与其产生共鸣，更不用说建立深刻的、有意义的亲密关系了。

理性与感性失衡的家庭经验

这种将理性和感性功能混淆在一起的情况，在生活中十分常见，比如在原生家庭里。回想一下你的成长过程，当你和家人需要情感交流和共鸣时，父母却总是抑制你的情绪，或是偏向说教和分析，你的情绪也就难以因为交流而调节。

反过来，当你和家人需要客观地了解情势，以便学习如何妥当地去面对和解决现实的问题时，家却沦陷在情绪风暴中，任由情绪绑架理性，导致问题重复发生。

不管是哪一种情况，生活在理性功能和感性功能无法各司其职的环境中，自然也会被感染，以致理性和感性的心智功能相互吞噬，或任意压制另一方，使之无法平衡和维持各自的功能。

如果你愿意觉察，那么试着先从你所说的话开始。你会发现心智的某个功能，一直被你忽视了。当你觉察得差不多了，也会发现身边有许多你这样的人，理性和感性功能混乱，可能只依赖一个功能，全然抑制了另一个心智功能的发展。

如果你想要守护自己的心理界限和人际界限，那么就要先成为一个完整的人，有完整的心智功能。然后，试着去厘清和思考每个不同情势的当下，真正要运用的机制是什么。

第七型 把过去投射到当下的情绪囚徒

若是因为别人的情绪而影响自己的选择,那只会让你成为别人情绪的俘虏和囚犯。

很多人都会疑惑,为什么总有人脸皮那么厚呢?难道那些人不会不好意思吗?

关于这样的问题,我们可以这样理解:

一、如果那些人懂得人际关系要有界限,就不会做出"厚脸皮"的行为。

二、如果你让他人觉得你是一个善于付出的人,如果你没有明确说不行或不能,而且好像永远可以付出似的,他人自然就会一直索求。

除非你让他人知道,你不会再付出了,再继续索求也得不到回应,他才会意识到从你这里得不到什么了。

这样说来就有一个更深层次的问题:会不会是你不想让他人觉得你没有付出的本事,想让他人一直认为你是一个善良的、乐于助人的人?你想拿"好人卡",还是想拿"大善人匾额"?是不是你很需要得到像"你人很好""你好善良""真是太无私了"这样的称赞？

很多人会立刻否认自己想当好人或大善人的念头，认为自己只是习惯性地想避免冲突。但是，想避免冲突的人是你，不是对方。如果你不想冲突，对方自然不会与你有冲突，反而会感受到你的温和及配合，他也不会想要挑起冲突！

自己的界限需要自己守护，不能总期待别人懂分寸。对于你做不到的事，就直接明确表达，好过拉扯不清和不停试探，也能省下彼此周旋的时间。

害怕别人跟过去的你一样受伤

我们都害怕被拒绝。假如你曾经因为被拒绝而感到受伤，无论是自尊受伤、自我价值受伤，还是自我认同受伤，只要那伤未痊愈，你就会投射到别人的身上，害怕别人也会因为被拒绝而承受像你过去一样的伤痛。

你害怕别人受伤，也害怕自己成为让别人受伤的人，于是，你甘愿当一个不会拒绝的人，这样你就不会让别人受伤，不会像当初拒绝你的人一样冷酷。当然，你也就不会被自己的"内疚感"折磨与伤害了。

你害怕别人受伤，因为你想起自己以前受伤时的无助和可怜，所以你想象不到别人即使被拒绝了，也可以想其他办法，或是去学习怎么解决问题。你想不到这些,因为你已经被困住了,所以你分不清楚现在向你提出要求的人,和以前遭遇过拒绝的你,其实不是同一个人。

你需要重新厘清:眼前的人,不是过去的你;现在的你,也不是以前因为被拒绝而受伤的你。不要把明明不同的两个人,硬要想成是同一个人,还用同样的概念,过渡类推,不愿意细细思量和分辨其中的不同。

如果,你把过往的伤痛或被拒的失落这些负面经历投射到另一个人身上,把对方想成当年的自己,把自己想成过去让你受伤的那些人,那你终究会让自己的选择和决定变得困难无比。你已没有就当下的现实情况去思考自己选择的权利,尤其是把过去的遭遇投射到当下的权利。

如此,你无法真正评估自己能做的选择究竟是什么,而你会被内心不知名的情绪困住。

你可能误以为是你过去做得不够好,才会被拒绝,才会感到失落。

其实,你的这种行为,大多是出于某种情结或创伤的阴影。你为了防止创伤再发生,用尽全力,尽可能避免再遭遇不测。

你还应知道,你的存在原本就值得尊敬。你不需要为别人的需求而存在,也不需要通过满足别人来证明自己的存在价值。

如果,你愿意认同自己的存在,重视自己的价值,不去质疑自己是"不好的",你就会有机会好好告诉自己,你的价值不需要建立在别人的认同上,你可以给予自己自由:自由选择,自由决定,自由行动,也自由真诚地做真正的自己。

第八型　把他人当工具的自恋者

若是他的世界里没有你的位置，也不对你在意，而你却把他的日子当成自己的来过，你怎么可能不失序、不失常？

有些人在要求别人提供协助或为他做事时，态度傲慢，仿佛在他的认知里，完全不用考虑别人为此花费的时间、心力，仿佛别人随时随地都可以满足他任何要求。

这是一种什么样的心态呢？除了依赖，更多的是，在他的世界里，别人算不上"人"，自然也不需要尊重。

这种人把别人当作机械工具一般，别人就像是机械按钮，没有任何的情绪感受，当然也不能有任何的疲累。很多人就是这样对待关系中的另一方，把另一方看成是一个"满足供应器"般的存在。

这种人几乎不会花时间或心力去体会和理解他人究竟要在付出的过程里，经历些什么，面对些什么，遭遇些什么。

这样的人，以自我为世界中心却浑然不觉。他总会说这种话："你太让我失望了""我不喜欢这样的你""我要给你一个差评"。而他口中的"你"，是一个应该低头、照着他的要求去做事的人，否则就不值得关注和给予重视。

这样的人，活在仅有"自己"存在的世界中。其他的人和事都只能按他的设定运转，如果违背了，就该被消灭，免得破坏他心中设定好的"理想世界"。

活在以自我为中心的世界

具有如此倾向的人，会理所当然地把别人"物化""工具化"，他无法理解和接受每一个人都是独立的生命体、有机体，是不能用控制来对待的。

在社群网络上常见到有人这样表态："我要收回我的支持""我不喜欢你做的事，我要取关""你说的话太让我失望了，请你改进"……这种话，其实是一种支配和索求："若要我支持你，照着我的心意做。"

其实，支持与否、喜欢与否或认同与否，都是一种选择。这样的人不懂得人与人之间要相互尊重，让他失望了，事情就是天底下最糟糕的事情；让他不满意了，不论是谁都应该受到惩罚，这是他的价值观。

支配和控制别人，实际上是一种剥夺和侵害。然而，以自我为中心的人还浑然不觉，因为他们的界限是极端封闭的。为了维护自我的利益，满足自己的欲望和需求，他们固执己见，无法理解、也不关心他人的存在和具有的独特性。

你的生活中有以自我为中心的自恋者吗？

你可以用一个准则来看待互动关系：对方的表达有多慎重，你的考虑就有多慎重。你要有自己的原则，当别人随便说说，不尊重你的想法，你也不需要总是满足他的要求。

面对以自我为中心、趋近自恋人格的人，你实在不需要搭上自己的身心健康，平白无故地消耗自己！

要知道，如果你自己都不在乎自己付出的时间、心力，又有谁会在乎呢？

第九型　被恐惧绑架的无助者

　　你让自己反复受伤，反复经历遗弃与拒绝，却迟迟不愿意好好保护自己。

　　没有人可以威胁你，侵占你，伤害你。你也不要习惯把自己的心暴露出来，要懂得为自己建立完善的防护线。你要与任意践踏别人空间的人保持距离，更重要的是，别轻易打开心门。那些习惯侵犯他人空间的人，认为侵入他人的私人领域理所当然，甚至认为你应该打开大门，任他们侵占掠夺才对。

　　所以，不要想着用争辩的方式让对方知道错了，或是让对方知难而退。如果他能明白这些，又怎么会擅自侵入你的私人领域呢？

　　你才是你内心空间的主人，不需要听别人议论或质疑。那些明明知道你已告知勿侵犯私人领域却还是硬闯进来的人，就是侵入者、冒犯者。你若无法挡住他的行为和举动，那么就离开，越快越好。

　　如果脱不了身，就要尽快求助，找到可以帮助你的人，而不是默默承受。

　　人在面对他人的行为或侵犯时，会产生强烈的恐惧感，负责情绪的边缘系统会警铃大作，这往往会抑制人们的理性，也会限制人们的行动。因此，你要在危机时刻保持冷静。唯有不被恐惧情绪绑架，才可以运用思考能力，找到可行的应对策略。

我们需要练习看守和维护内心的门户。如果没有自我保护的意识，一旦遇到他人的侵犯和控制，大脑就会死机；一旦被强大的危机感和恐惧感压制，就会真的误以为自己只能无助地任人侵犯。

无助的内在小孩

当我们无法成为自己最重要的保护者时，我们会觉得自己弱小无助，只能忍受他人欺凌；或者，过去你所受的教育或是对待，都是权威式地要你接受命令和指挥，以致你不确定自己是否真的有权利说"不"；又或者，你曾遭遇过暴力和虐待，只要过去那些不好的记忆被勾起，你的思绪就会回到过去，再一次经历那样的恐慌和无助。

想要拥有保护自己的行动力和灵敏力是不容易的。如果我们把完整自我和内在的关系，比喻为一个成人和一个小孩，那么失去行动力和灵敏力的成人，就无法保护受到惊吓和威胁的小孩。无助的小孩会以强烈的情绪挣扎和反抗，以图吓跑威胁者。

韩剧《山茶花开时》讲述一位未婚的单亲妈妈，带着孩子到乡下经营一间居酒屋过活。妈妈曾被自己的妈妈送去孤儿院，没有感受过什么是被保护，只能凭着自己的努力和毅力养育儿子。她常被街坊邻居恶言相向，还要忍受周遭的人说三道四，承受着巨大的压力，却不知道如何应对这些恶意对待。

她不是任由别人不明就里地辱骂，就是忍受周围人的冷漠排挤。每当她受到攻击和恶意对待时，她八岁的孩子就会挺身而出，用愤怒的口吻喊着："你们不准欺负我妈妈！"

她问儿子为什么要这样对别人说话，儿子哭着说："我也很厌烦这样的日子，但是你无法保护我啊！你总是被欺负，整个社区只有我一个人喜欢你，大家都讨厌你，我只是一个小孩，我也不想总要冲出去保护你，但我害怕你受伤啊！"

这样的母亲连自己都保护不了，更无法真正地保护孩子，又怎能了解孩子的处境和心情呢？

我们和自己内在小孩的关系也是如此。外在成人的我们，如果只顾着不要和别人起冲突，不要惹别人讨厌，不顾及自己内在的感受，内在小孩就会有更大的委屈、更多的愤怒，甚至因为过于恐惧，必须发泄可怕的情绪来抵抗外在环境的威胁和不合理对待。

一个完整的自我，需要理解自己内在的感受和需求，做一个能保护自己的人，这样内在的情绪才能安稳，才能够捍卫自己的权利，维护好安全界限。

第十型　混淆人际界限的操控者

按"别人说""别人要求"而去做，你心里未必会认同和接受。

越是掌握不好人际界限的人，就越是容易侵犯别人或是被别人侵犯。

这样的人往往不知道"尊重自己"为何物，总因为别人而委屈或漠视自己。而越是漠视自己，就越容易侵犯别人。因为他不知道自己的真实感受和选择是什么，又怎么可能去了解别人的感受和选择呢？

常常漠视自己，委屈自己，所以当别人坚定地表示拒绝和表明界限时，他就会非常生气或受伤，感到不解和委屈："为什么我做了好人，别人仍对我那么冷漠和无情？"出现这种情况，这是因为他始终没有意识到，生活混乱和人际关系失序的根源恰恰是个体界限的缺失。

界限不清的人最常说的话就是"你好自私"或"你太敏感"。用"你好自私"的道德论述，或"你太敏感"来回避问题，以此简化复杂的人际互动，这种人只想让别人产生罪恶感和羞愧，好命令别人按照他的想法行事。

很多道德观念是从权威的控制者而来，本质上并没有经过充分的讨论，也没有根据实际情况厘清责任归属。而越是不知道如何处理复杂人际问题的人，越是容易以简化的道德观点来要求自己，以自我的观点强加别人。

例如，一个人因为自己非理性的罪恶感和内疚感，不去追究家庭成员的责任，反而背负起家庭成员的生活问题或财务问题，再以"能怎么办？那是家人啊！做人不要那么自私"等说法来安抚内心的委屈和不平。

但当他看见别人划出亲情界限，明白虽然是家人，但每个人都有自己的生命课题，都必须为自己的选择承担责任时，他就会将内心中的委屈和不平转嫁给那些有界限和有原则的人，并指责对方"自私，只顾自己"。

无理的他，反而指责你无情

这种混淆界限的人，被框架束缚着，以致自己的主体性缺失时也难以觉察。他下意识地把要求和苛待自己的方式套在别人身上。别人如果没有照做，就是可恶，就是无情。

很多人长期以来不重视思辨，也不注重辨识事情的细节，懒得动脑去思考、探究应当如何行事才会更好。他们常落入"不要想太多，照着做就对了"这样的惯性认知模式，并不管这样的认知模式有多么含糊不清，或是逻辑不通，他们就是想当然地认定所有人都应这样。

他们既不尊重自己作为独立个体的权利，也不尊重他人作为独立主体的权利：叫你做，做就对了；叫你担，你就担。这当中不许询问，不许了解，更没有对话和商讨。

没有界限概念的人，对于冒犯和侵占也没有概念。这样的人经常做出令人困扰的举动和要求，并且表现出全然无知的样子，甚至在别人婉拒后，仍然毫无顾忌地提出要求。

从某种程度上来说，欠缺人际关系情境的敏感度，并对如何拿捏人际关系界限一无所知的人，就是以自我为中心，认为只要自己不介意，别人就应该不介意。诸如打听别人隐私，询问别人的私生活，甚至公开聊别人的"八卦"，都是自我中心主义的表现。

可笑的是，如果你介意，希望他停止有关个人隐私的话题，他还会表现出无所谓的样子，甚至理直气壮地指责你没有气度、太敏感。

假若你身边确实有这类以自我为中心的人，那么，想要守护个体界限的你所能做的，就是尽早远离这种人，否则只会落入被操控和被愚弄的陷阱中。

我们每一天的生活，都在取舍之间，

什么要留下，什么要放手。

没有什么能永远紧抓不放，

事情或关系，都有起点，也会有终点。

第三篇

理解你的内在纠结

——

修复与疗愈个体界限

疗愈一　敢于让别人失望的勇气

这世界上最不缺的就是要求你、期待你的人。你要敢于有让别人失望的勇气，这是你自由的契机。

如果你要专心地做好你认为重要的事，你是无法期待所有人都肯定你和认可你的。

有时候，你需要承受他人的冷嘲热讽，也要承受背地里的攻击和莫名的曲解，被别人背地议论也在所难免。

这些不被看好的经历，从我们的原生家庭，到学校，再到成年后的社会，特别是职场领域，都难以避免。我们甚至会没有缘由地遭受排挤，恶意谣言纷飞，特别是在你展现出自己的能力、认真地想面对自己的任务和责任时。

你可能不想阿谀奉承，不想进入复杂的权力结构，不想以层级思维来看待职场关系，不想恶意解释人性或曲解他人的行为，你只想做好自己想要做的事。

但当你遭遇攻击、排挤、背地的恶言恶语时，你可能会感到震惊、疑惑、痛苦、恐惧，甚至怀疑和怪罪自己，以为是自己惹人厌，所以被别人这样对待。

其实，这不是你的错，你只是低估了人性，也轻视了人内在心理的恐惧和投射。

"嫉妒"和"自卑"是互动关系中非常微妙的情绪。当一个人的"嫉妒"和"自卑"没有出口时，情绪就容易变成"恨"和"怨"，进而转变成攻击和破坏行为。

你不需要理解他们，或想尽方法替他们辩解，或强迫自己包容那些伤人的行为。如果你这么做，就是在漠视自己的感受，用自己的善解人意来掩饰别人的恶意。

不要总想着赢得他人的赞赏

你要明白，你的价值不该由他人评判，无论别人怎么说你、中伤你，或是刻意的人身攻击，那都与你无关。他们之所以如此表现，是因为对你有偏见，为了自我认知的平衡，于是伤害你。

例如，一个人看见你的优点或是长处，不仅没有肯定和欣赏，还表现出一种不舒服的感觉，也许是自卑，也许是见不得别人好，也许是自怜，无论如何，都是因为他不善于面对自己。他的脑海中会浮现出揣测和想象，以扭曲的方式幻想你是靠关系、靠谣言惑众、靠谄媚别人才不劳而获。他会想象出各种扭曲的情节，以此自以为合理地解释你的成就。这样，他就不用面对自己的自卑，只要心中辱骂你几声，或是向别人丑化你，就能让他内心舒服。

但这一切和你有关吗？

事实上和你无关，因为那是他的内心感受，也是他逃避面对自己的伎俩和防卫模式，你无法更改，更影响不了他。

如果你无法分辨这样的事实，并且上演自己内心的怨恨情节，那么，你所上演的内心戏也和他无关，而是你过去囤积压抑的负面情绪爆发出来，把你拉进黑暗漩涡，吞噬、湮没你。

这正是阿德勒的"课题分离"，以及主客体关系分化之所以重要的缘故。否则，什么都纠缠在一起，就会为人际关系打上无数死结。

一个人对他人有何看法，只是显现出这个人内在的格调和素质，那永远不是真实的"你"。你要记住，不要因为他人的评价，就怀疑自己、贬低自己，而要静下心来，全然信任自己。

你也不要轻易扭曲自己。环境会改变，周围的人会变化，唯有你，会一直陪着自己。

让别人失望的勇气

一个有实力且认真面对自己生命的人，是不会把"时间"浪费在议论别人身上的。如果有个人成天在背地里议论别人，这可能是因为他只擅长这件事。

你的生命力量，在于坚定地守护自己。并专注于重要且有益于自己的事，这样，自然会为自己带来友善且正向的力量。

　　要敢于让别人失望，这是你自由的契机，是你能够真实地做自己的关键。你要知道，这世界上最不缺的就是要求你、期待你的人。如果你害怕别人对你失望，你就会陷落在自责与罪恶感的深渊中，一心想要满足他人，以此来回避心中害怕被讨厌、被排挤的恐惧。

　　能够坦然面对他人的失望，是宣告自己分化与独立的重要历程，也意味着能承担起自己的生命责任。

　　你无法决定别人到底会不会对你失望，你真正要做的是：别对自己失望。别人可以不看好你的人生，但是你要看好自己的人生。

疗愈二　褒贬之间，建立不卑不亢的自尊

从别人说的话里，是拼不出自己的模样的，他人甚至会误以为自己比你还懂你。

你会执着于自己的朋友圈有多少人点赞，IG 有多少人追踪吗？

别迷失在别人对你的褒扬中，当他们遇到另一个比你出色的人时，会转移褒扬的对象。

别困在别人对你的贬抑中，他们对你说过的那些充满恶意和酸讽的话，可能早已忘得一干二净，甚至会说一切是你自己幻想和编造出来的。

褒贬如风，终究都会过去。

依赖他人的褒贬度日，是一种"自我夸大"成瘾的表现，总要世界绕着自己转，认为无论好的坏的都与"自己"有关。

你要明白，无论外界如何推崇、贬抑你，那些人和事都会从人们的记忆中抹去，到时候没有人会记得你、认识你。你所在乎的褒贬，都会成为过往，只有你自己记得，而说过那些话的人，早已忘得一干二净。

所以，不要再执着于有多少褒贬，让自己的灵魂保有清净空间。

你可以把内心空间留给值得留住的人生领悟和人性洞察，这才是最实在的真心。

这个世界，大部分的褒贬都来自主观言论，他人认同你，就会褒扬你；不认同你，就会贬低你。

人与人之间的稳定关系，需要多年累积的情谊，并且在经历各种考验后，才有机会走到拨云见日的明朗状态。但是，进入社会后的人际关系，很难撑过那么多考验，毕竟社会上的关系，大多是出于交易或是共同利益，终究会曲终人散。

在每个当下都陪伴自己

那还要付出真心吗？你问自己。

还是要的。每个人当下都要保持真诚之心，不轻易伤害、侵犯他人，即使知道都是彼此的"路人"，还是应该用最大的诚意和对方互动。

这么做不是为了对方，是为了自己。是你在定义和呈现你是一个什么样的人时，与别人的评价或褒贬无关。至于别人为什么对你有那样的评价和褒贬，和他人当下的处境或是自我观感有关，实际上他人反映的只是他个人的存在和呈现，以及他对这个世界抱持的看法。

这一切和你无关。

如果比起认同自己，你更在乎别人的褒贬，那恐怕你还未达到认识自己的程度。

　　优秀的人有稳定的自尊与自我价值感，也认同自己是怎样的一个人，更重要的是他们比这世上的很多人都懂得如何成长，如何走过自己的人生旅途，他们对于别人的褒贬宠辱，都能接纳，而且是了然于心，不会有太高或太低的情绪反应。

　　因为，他们懂自己。笑骂宠辱由他人，他们不再惊慌，他们可以不卑不亢地认识和接纳自己。无论人生的境遇如何，都对自己保持支持和喜爱，都有继续开展自己人生的勇气。

　　千山万水，褒贬只是瞬间，能陪伴自己走到最后的，只有自己。

疗愈三 不再以敌意的眼光看待自己

我们无法得到所有人的喜欢和肯定，我们的存在也不是为了满足每个人的需求。

想要得到所有人的喜欢和认同，是不切实际的。正如我们不会喜欢和认同所有人，对人对事有自己的想法和感受，还有与他人不同的人生观、世界观和价值观。

而你最该喜爱的对象，是你自己。

如果你不爱自己，却渴望别人喜欢你，那么，你会遇到两个问题：

一、你无法坦然接受别人对你的喜欢，你会觉得心虚或怀疑对方别有用心。

二、如果你觉得有人喜欢你是件很美好的事，你就会很害怕失去这份感觉，因此更在意对方喜不喜欢你。于是，你不断地猜测对方的态度对你是冷漠、疏远，还是别的。

一个不爱自己的人，是无法只靠外在的互动来满足他对爱的需求的，顶多起到缓和作用。但紧接着，因为不喜欢自己而产生的自卑感，以及对人际关系的不安全感所引发的焦虑，还是会攻陷他的意志，让他的心支离破碎。

如果一个人不喜欢自己，却想着他人能喜欢自己，终究会落得一场空。

瑞士心理学家、精神治疗医师卡尔·古斯塔夫·荣格曾说："你连想改变别人的念头都不要有。要学习像太阳一样，只是发出光和热。每个人接收阳光的反应有所不同，有人觉得刺眼有人觉得温暖，有人甚至躲开阳光。种子破土发芽前没有任何的迹象，是因为没到那个时间点。只有自己才是自己的拯救者。"

如果你无法真心接纳和喜欢自己，那么你就会在他人的评论里起起伏伏。别人接受了你，你欢欣雀跃；别人对你冷淡疏离，你黯然神伤。你有没有发现，你是如何把自己存在的安稳和认同，交在了别人的手上。

你不敢肯定自己，总想着从别人那里寻找可以自我认同的线索，却又因为自己不敢肯定自己，即使听到了他人的肯定，也还是怀疑和抗拒接收。

如果你能做第一个肯定自己存在价值的人，那么他人回馈给你的肯定，你也会坦然认同，无形中会收下更多对自己的自信和喜爱。

为何以敌意的眼光看待自己？

许多人对自己持怀疑和否定的心态，这是一种非理性的心态，既没有具体的客观事实，也说不出完整逻辑，只凭着一种含糊不清的感觉，就以敌意的眼光看待自己。

这种与自己为敌的态度和自然而然的仇视，一大来源是我们早年被仇视的生活体验。在童年的经历里，我们感受到被厌烦，仿佛我们的存在让大人的生活受到极大的干扰，我们可能有过莫名被辱骂、责备的遭遇，甚至被吼"你消失了该有多好"，感受不到一点尊重和疼惜。

那些无法理解的惊吓和不知所措的感觉，让童年的我们只能被迫接受，误以为自己"一定是很糟的小孩"，才会让照顾自己的大人那样对待我们。

遭受过莫名攻击和漠视的孩子，在成长的过程中，慢慢就变成了一个会莫名攻击自己和漠视自己的人，也莫名地对自己产生了敌意。

然后就会认为周围的人如童年时的大人们一样，厌恶自己和轻视自己，动不动就要批评和辱骂。即便环境中没有出现这些恶意的攻击，也会想象和怀疑别人正在背后数落自己的不好，说排斥自己的话。

那种受苦的感受，让这些人惶惶不安，害怕一不小心又被谁讨厌了、批评了。更可怕的是，那些假想中的恶意如影随形，让他们走到哪里都要遭遇这样的排挤和拒绝。

任何环境都会有恶意的攻击和拒绝发生，我们不是活在一个只有和善与单纯的世界中，我们身处的世界既现实也非常真实。这个世界的真相是，即使你没有做任何错事，也没有招惹任何人，他人仍会无意识地表示他的敌意和仇视。

　　然而，这些敌意和仇视，未必和你有关。大多数时候，不是你的错，也不是你做错了什么，而是他人自己都没有察觉，他们为何要面对社会和别人引发如此的怒气和仇恨。

　　环境中发生的敌意和仇视并非是人们幻想出来的，那些怀着恶意和敌意的攻击也真的存在。很多人错误地以为，只要我们不惹事，为人温和善良，低调行事，愿意压低姿态，就能避开很多敌意和仇视。这是一种自我安慰和自我解释，是为了应对自己的认知失调所创造出来的个人逻辑，却未必是真实世界呈现出来的模样。

　　世界上，有许多遭遇伤害的事件，不论受害者是小孩、民众、某些族群或是各样动物，仅仅只是存在，并没有做什么事，也没有招惹什么，就无辜遭遇伤害。令人无奈的是，发生那些令人感到悲愤的事情后，还是会有人对那些无辜受害者责备一通，想把伤害简单归因在他们身上。

　　我们不可能杜绝这世界上坏事情的发生，也不能自我欺骗说别人都是善意的，这是一个善良的社会。这种想法不仅非常简单化，也无视了存在于这世界的恶意。

　　我们真正要做的是承认恶意和仇视的存在，也要明白攻击和残暴也是人性的一部分。人不能活在幻想中，以为只要自己不承认有恶意和敌意存在，就能避免这些伤害。这就像有人以为，只要不说"死"字，死亡就会离他很远，仿佛可以隔离死亡的发生一样。

在承认那些恶言恶行和敌意是真实存在之后，请好好地思量一下，不要再幻想通过自己的完美来粉饰这不完美的世界，不要再随意地将别人的恶意和攻击视为自己的错误，以为是自己的存在冒犯了别人，才会受到强烈的敌意。

如果你相信世界很大，那就为自己找到适合且值得贡献生命价值的地方。在那里，奉献你的爱与温柔，实现你真心渴望与他人彼此和谐共生的生命历程。

疗愈四　在每个情感脆弱的时刻，都保持尊重与接纳

一个不爱自己的人，不会遇见懂得爱他的人。

用人情和利益交换得来的友谊，是一时的；用品格和人格发展得来的友谊，才是长久的。

不要害怕朋友离开或失去朋友，当你的身旁没有朋友时，用这个时间好好认识自己，补足自己内心的匮乏，学习提升自己的独立性和自主能力。

等时机成熟了，你自然就会遇到能够相互尊重也相互理解，能够相互合作却不相互侵犯、斗争，让你觉得彼此的关系自在舒服的朋友。

刚刚好的关系，必须建立在彼此的尊重和真实的接纳上。

不过于亲密，也不过于疏远，能尊重彼此的性情特质，也尊重彼此的不同之处，才可能在关系中保有自己的样子，也能看见别人真实的样子。

在彼此的关系里，不失去"我"和"你"，才是两个人能交流合作的关键。

如果无论怎么选择，都无法避开潜意识里认为自己不配得到尊敬和善待的想法，或不认为自己可以得到尊严和权利，仍以卑微的姿态

面对人生，这样的话，当你面对大大小小的决定时，你会如何抉择？你会出于怎样的眼光和角度来判断自己能选择什么、不能选择什么？

对于朋友或任何重要的关系，我们当然需要付出。但付出不是为了交易，而是为了滋养关系。关系像树一样，需要栽培和悉心照顾，但并不需要焦虑和不安地总盯着关系看，或怀疑跟某人的关系会不会超出自己的掌控，以至于患得患失，失去对关系的尊重，转而进入介入和操控之中。

说到底，很多人对自己并不真诚，无法诚实地觉察自己的起心动念，也无法以接纳的正向情感培养自己，所以对别人也充满疑惑和恐惧，不相信别人有接纳的能力，因此不能以接纳之心来善待别人。

牺牲自己只会导致不良的关系

善待关系的前提是先善待自己。很多人以为对别人好，就是要牺牲自己的利益。即越是对关系牺牲、奉献的人，就越能忍受所有的委屈。这是一种谬误，一个人如果不懂得如何照顾好自己，也不理解如何善待自己，没有善待和照顾他人的概念，又如何能善待他人呢？

所以，这种人的牺牲和奉献，不是出于他了解了别人的需要和感受，也不是他能明白别人需要什么样的尊重和对待，而是出于卑微或是觉得自己不配的反应，他只能处于听从支配和顺应别人的索求，被动地在关系中牺牲或是被剥夺，并没有能力去协调和讨论；同时他对于如何表达自己和回应别人，也感到无助和无力。

一个人不懂何为尊重，就无法坚定地支持自己。而无法尊重自己的意愿和感受，也很难在任何需要艰难选择的时刻，清楚觉知自己的态度和立场。他的心中会因为恐惧和焦虑而出现"算了算了""没关系""不要计较、不要在乎"的声音，以此压抑自己，不允许自己有真实感觉和想法。

若是生命中所做的决定都是出于"不得不"和"无力争取"的状态，那么软弱无力的自己，是无法为自己争取任何权益的。而无法保护好自己的基本权利，也难以善待回应自己的需求，于是，别人就很容易以"强势者""剥夺者""控制者"的姿态，出现在他们的生命中。或许是他们内心既无力也无法保护好自己，以致内心渴望能待在强者、权威者身边，然后以卑微心态，视自己为下等人，任由别人恶意对待和操纵。

这种关系或许一时间因为各取所需而很紧密，然而一旦脆弱的关系结构遭到破坏，就会瞬间瓦解。那些破坏，像是原本构成关系的利益条件消失了，或其中一方想改变权力结构，或是有更具吸引力的其他条件介入了，都会使得原本紧密相依的关系，风云变色，发生一连串的关系变异和撕裂，让人触目惊心。

我们建立一段关系前，需要先观察和清楚辨识自己的状态。人在脆弱时难免渴望情感和支持，也想要有别人的陪伴来应对生活的压力和困难，但是，如果关系不是建立在保护自己的主体感、促进自我修复、让自己能独立自主之上，而是想着依附关系来索求安全感和重要感，或是想通过关系填补内心的空洞和虚无感，那么就等于让不良的关系有机可乘，同时借助那些因为情感脆弱所引发的各种需求，会使操控和索求行为发生。

　　一个人，即使遭逢情感脆弱的时刻，或产生某种对生命的怀疑或虚空感的时候，还是要尽力保持理性，觉察自己是否产生了想依赖的心，或是产生了想找谁来拯救自己人生的期待。这些都是警讯，可帮助我们评估一段关系是否误入歧途。人唯有在接纳和尊重个体界限的基础上，才可能建立良性关系。

疗愈五　病态的关系，来自你内心的地狱

我们与他人之间的相互排斥，是因为我们太需要认同，也太害怕孤单。

不要"理想化"你身边的任何一个人，因为，当他人无法满足你的期待时，你会把他人"妖魔化"，他人因此成为你极度厌恶，或者极度否定的一个人。

其实，任何人既不理想完美，也不妖魔可恶，只是一个平凡的"人"，拥有复杂的人性。

由于你内心的想象、塑造以及渴望，于是你在对方身上投射出一个想要崇拜或厌恶的形象，这些情感的移情，其实与对方无关。

无论我们怎么想象别人、评价别人，那都不是真实的对方，我们看见的只是我们心中所认定的对方罢了。当我们抱持着美好想象来看他人时，他人就成了我们的天堂；当我们以满眼的厌恶和排斥来看他人时，他人就成了我们的地狱。

如果不对事实加以辨识和觉知，那我们就只能在理想化和妖魔化别人的过程中，摇摆不定，不知要如何与别人互动、如何真实地相处。

身为人，我们既不完美也不理想，但也不是全恶和全坏，我们都

是在极度利己与极度利他之间寻找平衡，也是在极度顾全自己与极度顾全他人之间挣扎。在这些过程中，我们尝试找到个体和群体之间的平衡与交集。

习惯为难与自己不同的人

其实，很多关系的模式呈相对论。

你觉得他人的"强势"让你受不了，急欲摆脱；他人觉得你的"软弱"让他受不了，要你争气。

你觉得他人的"懒散"让你不顺眼，看不下去；他人觉得你的"认真"让他不屑，总是翻你白眼。

你觉得他人的"自以为是"让你无奈，很想回避；他人觉得你的"没有主见"让他担心，很想给出建议和忠告。

我们与他人之间的相互排斥，是因为我们太需要认同，也太害怕孤单。我们习惯去要求"同"，于是常为难与自己不同的人，不能让他人做自己，并且剥夺属于他人的个体性。

接受不同，包容彼此的不同，才有开启对话和真实相处的可能。否则，在关系中也只是相互侵害、指责和攻击，最后成为陌路人。

建立关系的前提，是先创造让彼此心安的氛围，才有机会认识彼此，并进一步了解如何相处。

试着练习换位思考。试着去了解"你的世界是你的世界，他人的世界是他人的世界"。如果你要执着于自己的"正确"，认定只有你认定的道理才是这个世界唯一的准则，虽然你的执着会巩固你自以为是的世界，并向你提供不失守的人生法则，但你还是无法决定别人的世界，以及他人想要拥有一个什么样的生活。

你若看不惯他人的人生，无法接受他人的世界，离开便是了，不一定非与他人纠缠不可。

复制早年的情感伤痛

当我们内心有一种毫无缘由的冲动，非这么做不可，即使通过理性思考也无法与那些不恰当的认知脱钩，那么其源头大多指向早年的情感伤痛，包括未竟之事和未完成的情绪。

从某种程度上来说，那些可以被归类为情感创伤的心理阴影或者心理情结，大多有一个背负委屈的自己。也许是在过去弱小无力时被伤害、虐待、忽视，以致一直想证明自己的存在是"唯一正确""完美""无瑕疵""不再弱小"，误以为推翻了自己的自卑和无助感受，那些曾经忍受的无助和恐惧，还有被轻视的难堪情绪，就会得到救赎，内心不再感到内疚或羞愧。

于是，我们所能想到自我救赎与摆脱过去耻辱的方法，就是找到可以让我们践踏、欺压、羞辱和贬抑的人,我们以为这样就能逃脱过往那个可怜无助的自己。我们坐到那过去对我们残忍和挑剔的强者位置上,那是我们曾经以为的强者的化身,然后我们找了一个代替者,接替当年失败和弱小的我们的位置,误以为这样做我们就能成为强者,能够控制和支配别人的世界。

这其实是一种病态的心理。

心理创伤不像身体受伤或生病那么显而易见,所以很多人看不见自己的病态,也看不见在关系里重复的仇恨怨憎,于是不停地复制残暴和苛刻,周而复始,让自己和别人都离不开他内心的地狱。

就如一个酗酒或吸毒的人,认为酗酒和吸毒是其正常生活;一个习惯于暴力的人,会认为暴力的存在是理所当然;而一个处于病态关系的人,也不会认为病态的操控和精神虐待有什么问题。

如果你不清醒过来,不觉察你内心真实的痛苦和扭曲,总是回避,那么你内在的地狱会持续地外化为你的外在世界,而这个世界就会真的成为你的地狱。

疗愈六　能实现自我，就是成功

习惯比较，让我们成为僵尸一样的存在，失去自己身为人的本质。

常常有人说"人在江湖，身不由己"，这句话正说明一个人为了生存，即使不是自己愿意做的事，也会去做。

对一个过去经历过贫困、匮乏和被剥夺的人来说，生存无疑是最大的生命焦虑，所有的信息都在传递："你可能无法生存下去，除非你够努力、聪明，能够竞争和争夺。"

在匮乏的环境下成长的人，把竞争和争夺当作生存的武器，像是拿着刀刃和盾牌，不断地找人搏斗、竞争，仿佛活在这世界的方法唯有把别人压下去、踩在脚下。

在这种生存焦虑的氛围中，为了让自己生存下来，任何手段和方法都是不顾一切的，为了达到目的，没有什么需要顾虑的。有些人诡诈欺骗的伎俩层出不穷。

然而人生需要目标，有目标才能知道人生要前进的方向，也才能知道自己要耕耘和积累的是什么。但短视近利，让人变得只在乎当下生存得利的目标，看重眼前的好处，而没有更进一步思考这样做会付出什么代价。

因为焦虑，所以盲从

盲从，一直是社会存在的现象之一。因为害怕自己没有、害怕自己输了、害怕自己晚了，很多人深感焦虑。即使可以从非常多的历史痕迹看到盲从的悲剧，或是盲从带给人生命的损害，但盲从的人仍是多数。

因为焦虑，所以盲从。带着恐惧和焦虑生活，无论有了多少物质和经济资源，内心依然感到匮乏，仍会想着"我要""给我""我不能没有"。

为了所谓"害怕自己没有生存条件""害怕被社会淘汰"，只好为五斗米折腰，然后只要有一点空闲时间，就不断地向旁人埋怨自己工作和生活得有多么不情愿、不甘心。为了赚取支撑生活的薪水，许多人让自己活得没有热情，没有向往，也没有自己的心灵生活。

因为焦虑，所以盲从，接受别人的价值观，接受别人的主张，却忘了自己内心的渴求。

工作的意义，在于创造自我价值，在工作中体会自我实现的意义。但因为生存焦虑，为了物质和金钱需求，许多家庭培育孩子所着重的并非是发掘孩子的天赋和能力，也不是让孩子认识和了解自己。很多孩子在求学过程中，习惯听从父母的安排或老师的建议，至于学什么才艺、参与什么活动，都是父母说了算。而家长们常常因为其他家长都这样或那样安排孩子，生怕自己的孩子输了，让孩子赶紧加入这个或那个补习的行列。

于是，很多人就像是一个模子制造出来的产品，进入社会后，更加茫然、惶恐，感受不到社会、他人对自己的信任和认同。

人的一生，要能好好实现自我，这才是莫大的成就。成功，可以有很多种定义。人对于自我生命价值的发掘，是成功实现自我的重要途径。

从不认识自己是谁，到发现自己的局限、启发自我意识的力量，再到修复自我的完整性，这种由自身到与周围关系的正向影响和转变等一连串的变化都是一种值得尊敬的成功，而这种成功既能充实精神生活，也会让你这一生不虚此行。

疗愈七　把"在乎"留给值得你在乎的人

为什么要不断地把自我的价值和爱的需求，交付到最不在乎你的人手中，任由他们用伤人的话语对待你？

很多人的不公评价和武断定义，可能引发你的愤怒、焦虑、痛苦或沮丧。他们就像是人生旅途上的石头，阻挠你前进，甚至让你一时茫然、不知所措，不知何去何从。

其实，你一直有自己喜欢的事，也知道自己的兴趣和热忱，在人生的竞赛场上，对的事情你总是勇敢和努力地认真面对。

有时候，你误把自己的价值，放在不适合的人对你的评价上，还反复地因为他们对你指指点点而情绪起伏，却不知道对方的批评指责，其实是为了掩饰自己的懦弱。

但请记住，你需要在乎和重视的对象，必须是一位了解你的不完美，但却尊重和接纳你的人。你需要学会辨识和取舍。如果无法割舍那些干扰和阻碍，就无法获得足够的能量，向你正在为之奋斗的地方前进。

专心地鼓舞自己，试着鼓起勇气去探险，而不是被限制在舒适圈里动弹不得。一旦失去感受和思考能力，就只是徒具呼吸功能的个体。

人只有让生命拥有"正确"的支持者和鼓舞者，才能成为自己喜爱且有自尊的个体。而把能量花在错误的人身上，将使你心力耗竭殆尽，得不偿失。

渴求爱与情感是人的基本需求。我们活着不只单靠食物，我们想要追求重要感、价值感，也期盼拥有幸福感和亲密感。然而，当这些基本的生命价值需求和对情感的渴望，遇上了不对等的关系时，就成了操控者握在手中的筹码，以致他们随意对我们进行情感操控和情绪威胁。

所以，不要用卑微和低姿态来获取感情。对控制者来说，只要确认了你的低自尊、低自我价值感，以及自我认同的不稳定性，那他们几乎就会将你视为手中的玩物，你随时都有被操纵和被摆布的危险。

觉察病态的执着

你要留心自己为什么会不断地把自我的价值和爱的需求，交付到最不在乎你的人手中，任由他们用伤人的话语对待你？还有你是否经常忽略他们对你的残酷与冷漠行为，甚至还会进行自我批判，或是反省自己是否做得不够好，以致得不到他人的满意和肯定？

越是一味地自我反省，对自己充满批评和否定的人，在错误的关系里，越是需要残酷者的认同和肯定。而越是想依赖他人的爱与接纳，越会有随时坠落的危险。自我价值受损，会让自己觉得所处位阶低下而弱势，只能靠着他人来予以救赎和包容，好像只有得到他人的认同和赞许，才能证明自己的存在不是出错的生命。

但是，把自己的重视和在乎错付在残酷和冷漠的人身上，期望对方认同自己，是一种病态的执着，会等不到善果。

如果你明白无论过去或现在，你都是如此对待自己，或任由对方以强迫、无情的方式支配你、指使你，那么请你给予自己最深的怜悯和心疼。

若不是你对自己无情和冷漠，你是不会把自己推向无情和冷漠身边的。若不是你太习惯以残酷和批判来对待自己，那些残酷和批判的对待就不会被你合理化，然后默默接受。

或许你从小就处在充满负面批判的环境中，别人口中各种批评和指责的话，都能成为你对自己的要求和劝诫。只要是别人对你的否定，你都认为是对你的排斥，以至于你太害怕不被喜爱，恐遭受抛弃。

然后，你像是沉睡在一场永远不会醒过来的噩梦中，总是在努力追求别人的认同，总是因别人的批评和否定而失落和沮丧。

你何时愿意清醒过来，何时就有机会把别人的人生价值观和态度归还别人，从而不必背负别人的要求和期待。如果你看重自己的人生，也珍爱自己的生命和时间，你会明白，只要完成自己满意的人生，只要成为自己喜欢的人，就不会任由他人支配、指挥。

你要看清楚人与人之间的复杂性，这样，你就能清醒，真正有力量地活在这个现实的世界上。

疗愈八　能够面对生命里的分离，才能成长

理解别人的情绪，但要尊重自己的意愿，不要为了成全别人而折磨自己。

当你在练习维护界限和尊重自我时，避免不了重新过滤人际关系的历程。

你的通讯录会改写，你的互动对象会改变，你的人际关系会一次又一次地洗牌。

但别怕有人离开，请勇敢地面对分离。因为离开的，是不适合的；而留下的，会更有共识，以及对彼此的尊重和接纳。

天下没有不散的宴席，人际关系的清理也是自我重整的历程。不清理人际关系的人，必然对自我成长的需求和状态一知半解，总以为只要不失去任何关系，一切看起来都没改变。

如果你的生命处在成长模式，那么你会前进，你会开始发觉自己尚有许多不懂的事。你会了解如果没有离开既定的舒适环境，就几乎没有机会去发现这个世界有多么精彩，这个世界是多么值得我们勇敢去爱。

一直想要维持永恒不变的关系，希望日常习惯和生活模式都不要

经历改变，这样的生活不需要面临挑战，也不需要去学习，但相对地也就无法拓展自己的认知。

无法面对改变的人，在某种程度上也是无法处理分离的人。无法处理分离，也就无法厘清界限。这种人习惯什么都不要看清楚、想明白，也习惯把大家都黏在一起。而分成你和我，会分出彼此，这对他们而言不是自在的事，反而让他们联想到抛弃和拒绝。

这样的人，没有办法觉察自己的依赖和不想长大，只想留在满足自己幼年未被满足的需求状态中，只想感受到温暖，而不想去拓展能力来面对外在的事物。

增长独立的力量

如果，你深知自己想要成长，想要成为以便一个在健康关系中与别人相互依靠的人，你就需要增长自己的力量，以便支撑自己的存在。

婴儿不需要靠自己的力量站立起来，事实上他也不具备这样的能力。但是一个勇于和世界联系的婴儿，他会用声音哭喊，让别人发现他的存在，满足他的需求。这是他的"生存本能"，他要活下去。

接着，渴望长大的婴儿，会本能地在成长过程中尝试通过自己的力量去探险——无论是翻滚、爬行或站立，再到走和跑。一个成长型的生命会离开最初被喂养的角色，想以自己的行动拥有自由和自主。

所以，生命的主动和成长本能，会让我们自然而然地渴望自主，离开最熟悉的亲人和环境。而有离开的能力，才有成长的机会。

所以，若是遇到分离的时刻，若是分离的情境发生了，除了体会悲伤和失落，你或许可以有另一层的体会，那就是你有机会面对自我的独立，完成个体的发展。这时候，你会发现界限的存在，你会知道人与人之间，无论有多大的眷恋和不舍，终究还是一个个独立的个体，终究需要面对分离。

你对界限的概念越模糊，对人际关系的界限就越无知，在分离时刻到来时，体会到的纠结和撕裂感就会越强烈。然而，即使再痛苦，这仍是生命必然要面临的课题。

保持人际关系界限，有下面几个重要的要素：

（1）改变认知思考系统。不被过往的人际经验制约，理所当然以为要服从和听话，或是产生恐惧不安的反应。明白人际关系之间，需要彼此的界限来保持个体性，维护每个人的独立自我，不彼此侵犯。

（2）觉察自己的感受。承认自己内在的情绪，才能了解自己需要的人与人之间的界限范围，以及想要设立怎样的底限，并评估如何以正向的态度做好面对、沟通和协调。

（3）在互动中要保持理智。以有逻辑和合理客观的思考，应对别人可能出现的"含糊"说法和耍赖，并辨识出对方企图以所作所为慢慢引发你的"同情""罪恶感""内疚感"等情感操控的方式。

（4）建立正确观念和原则。你的帮忙，是要在对方也相对努力面对和解决自身问题的基础上进行，同时你也要考量自己能够给予帮助的范围。答应协助，不代表就要无条件回应对方、满足对方。你越能清楚自己的立场和界限原则，就越能增强自己的防护线，否则就只能任人予取予求。

理解但不需要解决别人的情绪

我们都应该学习的是"情绪界限"（禁止他人情绪渗透进入的范围）。而设立和维护情绪界限（情绪防火墙），也是保障我们拥有独立感受、独立体会情绪的权利。

情绪界限，是一个人知道别人的情绪，能做的是"理解"，而非"解决"。

你可以理解他的情绪有其脉络和历程，但你对他的情绪没有"控制权"，真正能控制和处理情绪的只有情绪的主人。你能做的，是尊重、理解，最多是陪伴和支持，但绝不是被控制或索求。你要先照顾好自己的情绪，不能因为内在的情绪而焦虑、不安。

情绪界限，是指你不会试图通过配合和应允对方的要求，来消除或想要解决对方的情绪。否则只能任由对方的情绪绑架你、控制你。

当你可以接受他人对你的不满和失望，并尊重对方的情绪经验时，你才可以还给对方你完整的个体界限，不至于受对方的情绪影响，而改变自己想做的选择、做法或决定。

你要清楚地明白，每个人都只能对自己的选择负责，若是因为别人的情绪而影响到自己的选择，那只会让你成为别人情绪的俘虏和囚犯。

建立情绪界限，是守护自己内在情绪的防护线，可维护好自己的身心安全。关系中的你和他人是不同的个体，不是连体婴，因此不应当理所当然地互相牵扯，你们可以各自自由和自在独处，可以接受和别人在观念上、选择上、意见上和行为上的"分离"，获得真正的独立和完整。

疗愈九　要有让自己活得开心和幸福的创造力

不论你想要做到什么，或期待看见一个什么样的自己，都需要你真心为自己选择以及去做。

别人以自我为中心，以致不会去以同理心体会你的反应，所以你会难过、会沮丧，也会受伤。但难过、沮丧和受伤没关系，因为你知道，你仍有办法让自己开心，让自己走过情绪的起落之路。

最重要的是，你还是要有让自己活得开心和幸福的创造力，这才是我们活着的意义。

习惯为不必要的事纠结，习惯为超出自己能力范围的事内疚，习惯为别人的人生烦忧——这些习惯究竟为什么会出现在你的生活中呢？你可想过为什么你要终日这样过日子呢？

如果轻松点，不为别人担忧，会有什么后果吗？

往往我们害怕发生的事，都是跟害怕自己被说成是自私、不关心别人、冷漠无情等批评有关。我们想要被人接受、喜爱，于是总为别人打抱不平、为别人提心吊胆、为别人忧心忡忡，以此显示我们总是为别人"两肋插刀"的"善良"。

这种非理性的内疚和担忧，自顾自地把别人的人生揽在了自己身上，只会牺牲自己的生活品质，甚至不允许自己真的有享受生活、活得轻松自在的能力。

你怕活得轻松自在，会让谁不满吗？还是会遭到谁的训斥吗？

往往你惧怕面对的那个人，正是造成你不能过得快乐幸福的人。

所以，你要辨识和察觉，你是否受了无意识的感染而不自知？你是否无条件地接收了某个人的人生信条，以为那样活着才是正确的？

逃出社会设定的陷阱

长久以来的社会文化，不是建立在我们有权利追求幸福和活得自主、自在的思维上，反而是要我们有照顾别人、满足别人、听从别人的思维。当别人有需求时，我们需要背负起满足他人需求的责任。我们不能贪图享乐，我们要看见别人的艰难，同时还要问问自己是否可以减轻别人的负担，自己的为人处事是否造成了别人更辛苦的生活？

这些早年的影响，以非理性的姿态，深植在我们的潜意识中，以致我们根本说不清楚自己的真实想法和感受。我们被内心中一股莫名其妙的焦虑感支配，导致自己做出了很多不应做的事。

比如我们看见别人遭遇不公，一定要挺身而出；被父母要求做一件事，一定要服从和做好；看见别人过得不好，一定要出面帮助或承担。

我们害怕自己没有遵守这些教条，被说成是一个很差劲的人，甚至被他人怒骂和厌恶、排斥地说："你这么没用，要你做什么！"所以，我们自小活在生存焦虑中，对自己的存在感到良心不安，仿佛不能证明自己有用的话，就是一个随时要被遗弃和淘汰的人。

但是，你要知道，这世界上每个人最重要的责任是照顾好自己的人生。

挣脱自我谴责的牢笼

若不是有人习惯于困在自己的谴责之中，常被道德绑架和勒索，怎么会有人可以如此没有节制地认为别人的存在都是要服务于他、满足于他呢？

就像无所不在的刻板印象对我们造成的桎梏，例如：生为老大就是应该替弟妹解决问题，或一肩扛起照顾弟妹的责任；女人，就应该温柔婉约、善解人意和讨人喜欢；男人，就是要有担当，不能轻易表现出脆弱和恐惧；为人伴侣，就是要照顾好对方，让对方无忧无虑。等等。

这些所谓做人做事的道理，其实都很没道理，像牺牲和讨好，都不是合情合理的责任分担，和拥有各自责任的归属。任人索求的，往往都是最重视情感和关系的人，同时大多也是害怕被抛弃和拒绝、自我虚空的人。

若一个人想要创造幸福，要先明白幸福不是你有能力让别人过得好、过得无忧无虑，因为你根本无法控制别人的感受和情绪。总是一直在乎别人情绪的人，其实是对关系焦虑和不安的人，所以才会一直去满足别人的需求。

真正的幸福，应该回归到一个人有能力通过自己的成长和锻炼，练就安稳自己情绪的力量。

并且，能够在人生起伏之间做到情感平衡，调节自己的挫败感或低落情绪，不受制于内心的焦虑和不安。这样，才不会受无意识的自卑情结支配而去为难自己，才不会去向外界索取自己内心缺乏的安全感和被喜爱的感受。

一个人能喜爱自己，不为难自己，友善地对待自己，这样的能力才是真正为自己创造幸福的能力，即使是活在一个有束缚的世界中。

疗愈十　离负能量的人越远越好

没有人可以任意地抨击你和贬抑你，除非你赋予他这样的资格。

如果你身边有人没什么能力，也没做出什么利于社会或使人受益的事业，却看不惯你的才能和成就，那么，你不需要把他对你的负面看法归咎为自己做得不够好所以惹人厌。

无能之人自有他要承受的后果，别让他来干扰你。请明确肯定你自己的生命价值和能力，回到对自己的认同和尊重上。

你的人生能活出意义，能建立有意义的社会关系，这些不需要批评你的人同意才能实现。当然，被别人的"酸"泼洒到并不舒服，但你要知道，"酸度破表"的人才是最容易被自己的酸侵蚀的人。

也许你会因为闪避不及时而受伤，但必须及时照料自己的小伤口，修复自我。人生过程中，你无法让每个人都喜欢你，这是存在的一部分，这个世界并不完美，人性有其黑暗的一面。

如此，你应真正为自己选择被正确对待的方式，也为自己辨识出能真正尊重和珍惜你的人。

若是你懂得辨识和选择，那么，就让那些不当对待你的人离开吧！或者，至少你要清楚你有自主权，懂得适时离开。不要绑架自己的主体,任由他人恶意对待和伤害,甚至受他人压迫和控制。

你应很认真努力地过日子,试着让自己成长,对自己负责。不要任由他人冷嘲热讽,并活在他人的评价和损害里。

他人,不是你;你,不是他人。你的人生要如何,取决于你内在的力量。

至于他人要如何过他的人生,或如何决定自己的日子,你要做的是尊重他、祝福他,不要去干涉和介入,那只会耗费你的力气。

辨识谁在消耗你、谁在帮助你

只有你实现了自我想要实现的人生,为自己辨识、选择和负责,你才会真正活出你的生命尊严和价值,也才能离负能量的人越来越远。面对不真诚和无法尊重别人的人,就算你再努力、再谨慎,往往也得不到肯定,反而只会因为过度盲目而消耗你自己。

生活中,你要辨识谁在消耗你,谁在帮助你成长。当你发现无论你说什么,这个人不附和,只顾说着自己要说的,甚至对你嘲讽和否定,那么,你要学习辨识此人是否真的在与你交流和讨论,或是他是在对你进行人身攻击,抑或试图绑架你。

这种以唯我独尊的姿态,尽做侵占、剥夺等事的人,在网络时代只会越来越多。因为没有真实的人际关系互动,以敲敲键盘的方式表述己见，太过方便，想写什么就写什么，也就不关心和留意写出来的内容是否会对别人造成什么影响。

重度网络互动上瘾者，会变得缺乏情感能力和同理心，更容易产生以自我为中心的反应，很难真正聆听和了解别人的立场。研究显示，常使用网络通信或常挂在网络媒体的人，孤寂感往往比较重。

网络这样的虚拟世界，使得人们将人性黑暗面毫无克制地宣泄出来。因此，当你在使用网络互动时，就需要更谨慎和觉察那些来自网络无意识和不明的投射、憎恶或仇恨情绪，是否影响到你。

如果你能修复早年被破坏的个体界限，也能觉察、辨识出是哪些人一直在制造混乱，且不断地合理化自己所做的侵犯行为，那么，你对自己的心理守护和内在秩序的建立仍是具有力量的。

我们难免会遭遇挫折，承受诸多人际关系的伤害，以致人际关系界限混乱不清，难以守护好自我个体的界限。但只要你修复自我价值感，学会尊重、爱护自己生命，懂得设立界限，就会明白这是尊重彼此、守护和成全彼此最具体的表现。

每一天，让我们脚踏实地，

工作、生活，

只有诚实、认真的你，

才能陪着自己过好每一天。

第四篇

成为平静有力量的你
——
设立个体界限的十项练习

练习一　卸下生命中不必要的内疚感

你的存在，不是为了背负他人的生命责任。

我们从来不是为了某个人而出生，也不是为了谁的需求而存在，更不是为了要满足谁而活着。每个个体的存在，都是因为要经历存在的体验和生命的真相。

活着，就要真正地成为自己，而不是其他任何人。承担自己生命的责任与重量，不是为了要得到谁的赞许和认同，也不是为了迎合谁的期待，以及得到谁的喜爱。

你不需要讨好谁，也不需要顺从谁。同样，没有人是为了得到你的赞许和认可而存在的，也不是为了迎合你的期待而活着的。

我们都只是彼此的人生过客。我们相逢的意义，是在过眼云烟的往事片段中，在某一瞬间，我们从对方身上所照映出来的各种情感历程，以及所能察觉的阴影伤口中更好地认识自己。

我们能如实地成为彼此的镜子，那已然是相会一场，最大的福分和善缘了。分别以后，我们又会各自走在自己的人生路上，你是你，我是我。

完形治疗创始人弗烈兹·伯尔斯有一首完形祈祷文，是这样说的：

我做我的事，你做你的事。
　　我不是为了实现你的期待而活在这个世界，
　　你也不是为了我的期待而活在这个世界。
　　你是你，我是我。
　　偶尔你我相遇，那是件美好的事。
　　若无法相遇，也是件无可奈何的事。

如果你能看出这首诗对人际关系的不绑架和不强迫，看出它所传递的真实而自由的关系，相信你能领会和明白生命是怎么一回事。能相遇而有所交流、交换人生心得自然很好，但若是无法产生交会的联结与同在，甚至彼此错过、话不投机，那也是需要接受的事，无须去过度期待或用力强求。

　　强摘的果实，怎会甜美呢？
　　强行破茧的蝶，又怎会飞翔呢？

不再用内疚绑架自己

任何事物，只要以强力施行控制，势必因为施压过猛而造成反弹。顺其自然是一种接纳，更是一种接受真实的勇气。让事情的演变顺势而为，让两人的关系顺其自然和谐发展，往往更能看见人生的原貌。

我们的社会习惯以强迫或勉强来推进很多事情。你被迫满足他人，被迫做不想做的事，即使你不愿意，你仍不断地受到强迫和要挟，必须顺从和迎合他人的期望。而过一个自己真心实意想要实现的人生确实不易，但首先要让自己别再习惯用内疚感绑架自己。

当你习惯用内疚感逼迫和绑架自己，反映了两件事：

（1）你根本不爱自己、不疼惜自己，视自己为可恶的人、有罪的人。

（2）你无法面对内心的挣扎和痛苦的情绪，不敢做出自己的"决定"，不能体认自己的真实感受。因为无法认同自己，所以只能用内疚感来逃避自己的选择，甚至惩罚自己。

内疚感是焦虑和无能为力下的产物，不愿意接纳自己，或不愿接纳自己的脆弱以及无法给予，以内疚感来斥责自己，批评自己，让自己处于焦虑中。

你要知道，内疚感不会让你更好，也不会让你更有勇气承担。事实上，非理性和惯性的内疚感，只会让你陷入自我谴责和自我批判的旋涡里。

或许你的潜意识是这样的：你根本不爱自己的生命，不认可自己的存在。于是，你下意识地勉强自己、逼迫自己，以此作为伤害自己的手段，损耗自己有限的生命。

若是如此，你无法意识到，以内疚感来督促自己去顺从和满足别人，会让你自己受到伤害。这种伤害不仅让你身心受到压迫，也让你的人生无法体会到幸福和美好。

除非，你愿意让自己是个"人"，活得像个"人"，而不是"工具人"，不是用来保障谁的需求、满足谁的机器。

也许根本的问题是，如果你没有让人索求和依赖，你就不知道自己是谁。当你不是拿时间和生命能量来真正地认识自己，反而拿别人作为逃避自己的借口，视别人为自己生命的中心，那么，你自然就顺理成章地不再费心感受自己、理解自己和接纳自己了。

练习心法

练习清楚地觉察自己的意愿和感受，戒掉回避"感受自己"、因"内疚感"而指责和批判自己的习惯。如果这种内疚感只是为了让自己顺从或讨好他人，更没有必要。这种对待自己的态度和方式，是不正确的。

请学会为自己的决定"负责"，并告诉自己："我在对自己的选择和决定负责。"

在说"不"时，多用肯定自我的态度和用语，练习承担和接受"这是我的选择"或"这是我的决定"。例如——

"我决定不参与。"

"我选择不同意。"

"我决定分手。"

"我选择放弃。"

然后，学习去尊重别人有自己的情绪感受历程，别急着回避别人的情绪感受历程，也别一看到别人有情绪反应，就觉得自己有责任要安抚他人、满足他人，甚至觉得是因为自己有错才引发他人的情绪，急着想消除他人的情绪反应。

学习接纳自己会让他人失望或失落。他人的失望和失落，有他人需要去面对和学习调节的过程，无论他人要经历什么，都是属于他人面对人生的课题，这是你无法替他承受，或帮他的必修功课。

练习二　练习做自己

真正的长大，是内在的整合，知道自己有能力照顾自己，并能保持这个承诺。

许多人在做决定或发表意见时，常会有这样的想法：

可是，别人会怎么说……
可是，别人会怎么看……
可是，别人会怎么反应……

你要明白，你只能"负责"自己能做的，只能负责自己的选择和决定，让自己不产生委屈和怨恨的心理，你无法"决定"和"控制"别人的反应和看法。

如果你做任何决定都要担忧和害怕别人的反应和看法，那么你将如何做出自己真正想要、真实感受的选择和决定呢？你又如何对自己的人生负责呢？

那些想要在别人心中留下好人形象、完美形象、乖孩子形象的人，常常难以尊重自己的意愿和选择，因为对他们而言，"别人会怎么觉得"比自己的真实感受和想法重要得多。

当你有类似的情况时，你需要先试着思考清楚：无论如何，你是无法去决定和控制别人会怎么想、怎么觉得、怎么说，因为别人也都只能做他自己想做的、会做的事情。

把自己的选择和决定依附在赢得别人的"理解""支持""赞同"上，那无疑是让自己做困兽之斗，不仅无法让自己自由行动，也无法为自己的人生负起责任，最后只能迷失在别人的评价和反应之中。

只要推给"别人会怎么想、会怎么说"，我们就不用负起自己的责任，一切都可以归咎于别人：一切都是别人害的、别人影响我的、别人叫我做的。

事实上，自己无法做出选择和决定，往往跟别人关联不大，而是自己无法自立，无法处理内心的混乱和冲突所为。

辨识自己

停止想象，让自己是自己，让别人是别人。

你真正要辨识和确认的是：

我会怎么看？

我如何感觉？

我如何思考和决定？

这才是你的主体。

人本主义心理学大师卡尔·兰塞姆·罗杰斯，认为一个完整且丰富、能活出自我的人，其人生是丰富的、充实的，他会以更加强大的方式体验快乐与痛苦、恐惧与勇气。他曾说："我深信，美好生活是不适合胆小鬼的。它牵涉拉伸与成长以便去发挥一个人更多的潜能。它牵涉'去成为'的勇气，代表一个人完全投身于生命的洪流之中。"

如果一个人的内心被恐惧绑架和操弄，仿佛人生没有其他的情感体验，没有其他可能，只有各种恐惧，并且受限于恐惧的状态，这到底是从何而来呢？一大可能是，他深受早年生命体验的制约，同时对如何展现自我、开发潜能没有能力。

受到制约和损害的心灵，失去了灵敏性，以至于欠缺调节和恢复内在心智功能的能力，无法恢复感受力、思考力和行动力。在功能缺失的情形下，难以深入觉察自我的状态，无法反思、辨识自己的感受和想法，造成了"述情障碍"（无法辨识和描述自己与他人的情绪）和思考障碍，同时面对外界刺激只能通过自动化反射来反应。因为他对自己的起心动念一无所知，于是就更容易受内在冲动爆发的恐惧所控制，无法掌控自己的情绪和思考。

当自我的主体性如此残缺破碎，像遗落的拼图一样，看不出整体，也不知道如何完整地呈现整体时，又怎么可能活出完整的自己呢？

聆听内心

很多人都曾问过自己："怎样成为自己？""我是谁？"

深刻地认识自己、了解自己是何等困难。之所以如此困难，是因为我们以"广纳他人的声音和意见"为名，不设限也无条件地任由他人发表高论，对我们指指点点，自顾自地表达他们的意见和观点。有人这样说，有人那样说，但我们就是没有学习好如何听自己说。

加上我们自信不足，害怕失误和出错，以为只要多听别人说，多询问别人的意见，就能多收集别人的观点、经验，保证自己万无一失。

但这样的态度和方式，往往只会让我们更难做决定，因为意见太多，难以归纳。除非你有非常坚定的自我意志，懂得分析、探究和归纳，并客观总结出对自己最有利的做法，然后去执行。

实际上，大部分的人都无法在收集越来越多的资料和资讯后，如何做取舍和划分工作。

要确立生命的主导权，必须训练自己的主体性与心理界限，懂得取舍。当你要做出决定时，必须倾听自己内心的声音。当你要做出自己最后的决定时，必须要了解自己的主体性。放任主体性薄弱虚无，你的生命就会被各种声音淹没、覆盖。

练习心法

在日常生活中练习与自己内心连线，感受自己的情绪和想法，以及行为背后的动机，负起自我觉察的责任。

练习做一个为自己生命负责的人。

例如，当发生界限冲突或突发事件时，试着去厘清和辨识：

"我有什么感受？"

"我在想些什么？"

"我想要做些什么？"

"我想要什么样的情况发生？"

通过厘清和清楚辨识自己，才能进一步评估自己内心的信息，哪些是自己的诉求，哪些是需要和外界协调的部分。同时，进一步从众多信息中找出对自己有利的部分，有所取舍。

练习三　在如此复杂的世界中，要勇于断舍离

当你走过那些事那些人那些经历，你才会看见那些特别的日子和故事，都是在过程中和自己交会联结。

人生在世，除了能分辨"我的事""你的事""老天的事"，也要能通透三句话，这三句话的力量和智慧，能协助你断开混乱情境。这三句话是：

（1）这无关我的事。
（2）这无关你的事。
（3）这无关他的事。

学会了解"无关我的事"，就不会莫名陷入他人他事之中。
明白"无关你的事"，就会不受别人的干涉、指使和控制。
明白"无关他的事"，就会不在乎不相干的人对你的评论和指指点点。
你要重视谁、在乎谁，你是有选择权的，没有人能强迫你，除非你自愿被强迫。

如果你常去在乎恶意对待你、评价你的人，任由他们干涉和指挥你，你就感受不到你对自己的支持和信任。这是因为你不认为自己有存在价值，也不相信自己有能力去选择和决定自己的人生。

人生，归还给自己最好。专注于做自己的事，让别人去决定他们自己的人生。

选择你喜欢的，放下你不喜欢的，这也是自我界限的练习。

你能否将喜欢的人和事放进自己的内在空间？还是让那些讨厌、不喜欢的人和事，总占据你的心头？

无法辨识真正需要的

无法专注的人，大都有无法取舍的问题，本质上与设立界限的能力有关。不知道自己要什么的人，就会什么都拿、什么都要。但因为无法辨识出自己真正需要的、渴望的，所以全拿进来、全收进来。而最让人无力和无奈的是，即使拼命地拿来很多东西，还是感觉不到快乐和幸福，当然也体会不到真实的满足感。

知道自己真正好奇什么、渴望什么的人，才能全心全意投入，达到心无旁骛的专注。这种忘我和专注的过程，会让他们远离世间的烦忧，进入一种平静安然的精神境界，达到一种有意义的升华和心灵上的满足。

由于受制于社会的有限和阻碍，有些人活在追求当下的愉悦中，有些人却身体一天比一天沉重，意志一天比一天消沉，不知道到底怎么回事，休息再多也觉得疲倦，生活混乱而失序，直到撑不住为止。

人的一生就像手机，每一天都需要开机、关机、蓄电。有人总不关机，无法真正地把能量收回，就在电力不足中持续耗电。日复一日，可使用的电量越来越少，于是在电量随时要用尽的情况下，勉强蓄电，然后用一下，又处于能量殆尽的边缘。

这种不关机，导致终日耗损的情况，反映了界限设立不明确的后遗症。一个人不能真正管理和掌控自己的心理运作，就会发生"我明明知道现在该做什么，但我做不到"的情形，比如明明知道现在该睡觉，明天还要早起工作，但因为不想结束当下的自由而舍不得睡。

白天遭遇越多的勉强，夜晚越需要补偿。白天越身不由己，夜晚就越容易被想要解放的自己挟持，落入不顾后果也要一时放纵的恶性循环中。

群体中的你是否孤单？

在如此复杂的世界中，请不要掉落在把别人的人生当作自己的人生来过的陷阱里，看别人追求什么就跟风追求；看别人达到什么条件，就立刻也以那些条件为标准；看别人在五光十色的刺激中膨胀自我的感官反应，自己也莫名其妙跟着做，以为那样会得到极致的快乐。

我们常有这样的误解：只要是"大家都做的"，就是正确的。其实，我们是用依附"群体"来营造自己并非孤单存在的假象，并且误以为那是归属感。所以"群体"怎么做，我们就要怎么做。

但若是真正觉察其中的个体行为，就会发现我们是如何借着隐身在群体中回避个体的责任。我们不想要为自己的选择负责，也不想要时时刻刻把自己弄清楚。当我们过得混淆模糊，甚至失去了健康和尊严，也失去了自主和自由时，我们总是这样说："都是他人害我的，都是我交了坏朋友，误信了人。"

社会心理学家艾瑞克·弗洛姆这样说过："人们完全被狂热的自我中心主义与永不餍足的贪欲淹没。连带地，那些成功者跟自我的关系、安全感与自信心也受到毒害。对他们而言，自我与他人，只是一个可以拿来操控的对象。"

要维护生命的主体性，就不能回避面对自己。学习"断开""舍下"无关自己的议题和情境，并放过自己，也是人生的一种大勇气、大智慧。

练习心法

在日常生活中，以肯定的"我"信息，取代否定或怀疑的信息，来建立自己清晰的心理界限。

例如：以"我想要冷静独处，需要一些个人的时间"取代"我不想说话，不要跟我讲话"或是"我很烦，我不知道为什么会这样？"

肯定的"我"信息，能强健自我的稳定度和内在力量，不是把自己当受害者，也不是持续以混乱的方式，回避外界的冲突，更不是忽视自己内在真实的感受。

练习让自己抽离与自己不相干的议题或情境，不要因为太害怕被群体排斥、被边缘化，于是硬要参与其中。

练习承认："我还不了解""我还不十分确定""我还需要时间思考"，这些都可以为自己争取空间和时间，得以思考真心想要的决定，让自己不陷入为了反应而反应的焦虑中，以致匆促做决定，后面徒增懊悔。

练习四　松开自我惯性的锁链

　　从这一刻开始，为你自己坚持，认同你自己，找到自己内心的力量，不再依赖外界的肯定。

　　你的"改变"若是让身旁的人有感，除了会有支持的声音，也会有反对的声音。

　　然而，只有你自己知道为何你需要这些"改变"，也只有你自己能明白这些"改变"是否需要坚持下去。

　　你的"改变"不是为了满足谁的期待，而是对自己的人生负责，成为一个你想看见的自己。

　　这样的"改变"能支撑着你，走过那些各式各样的评价，抵挡那些带来不良影响的干涉和批评。

　　如果你真心想要改变，这一份内在动机就会激励你，让你向着艰辛却无法轻易放弃的方向，持续前进。

　　如果你害怕离开熟悉的环境，不相信"改变"能为你带来更好的自己和人际关系，那么外界否定和批评的声音，或许能让你照见自己内心的挣扎和不确定。

　　只有勇于去承担后果，你才可能真正往前一步，离开原本生活中熟悉的边界，前往未知的世界去体验未知的自己。

任何的突破和重建自我，都需要坚持，若你终于摆脱几十年来回避面对人生、活在怪罪的模式里——不是怪罪自己，就是怪罪别人，那么，从这一刻开始，认同自己，找到自己内心的力量，不再依赖外界的扶持。

摆脱怪罪的生命模式

这个世界，各种声音都会存在，支持和否定都会发生。有人褒，就有人贬；有人夸赞，就有人喝倒彩。重要的是，你对自己的态度是什么？是支持、否定、信任，还是自我怀疑？

学会肯定自己，不论是自己的选择、决定、感受、观点，或是自己想做的事，都需要自己认同。肯定自己有表达内在思想、自己感受的权利，肯定自己能为自己做出充分说明，让外界更进一步了解自己，但不是要逼着别人认同自己，或在论点上和表现上胜过别人，非要争个对错不可。

真正懂得"肯定自己"的人，是对自己的想法、论点、感受和情绪、行为和意图，都能负责的人。他们会把想沟通表达的意图厘清也说明白。他们不会把责任推给别人，也不会想用散乱和语焉不详的字句来获得他人的理解和回应。

像是有人说"我好烦"或"我心情乱糟糟的",短短几个字之后,就什么都说不清楚了,既说不清楚事情的脉络及前因后果,也说不清楚自己的情绪力度。无法分层分类归纳,无法分析自己的情绪,当然也难以梳理内在混乱的潜意识阴影和情绪触发点。在自己都说不清楚或懒得说的情况下,却渴望别人有读心术,能讲到他心坎里,让他什么都不用费力,这真的是一种妄想。

经年累月,这样的人是无法真正"肯定"自己的,他会有非常多的不肯定、不确定,于是习惯说:"好像是""可能是吧""我也不确定"。然后,他就更需要也更依赖外界的认可和赞同,很难有自己的定见和主见。

心智的成长,是我们为人很重要的一项权利,虽然其他动物也有智商能力,也能接受训练和学习生活经验,然而,它们的突破有限,特别是它们无法创造,也无法建构思想意义。这是人类一枝独秀的能力,能深入探究,也能通过不断学习进行自我启发和超越,发展出一个独一无二的自我。这样的自我不仅展现出特有的能力和本事,还能为世界做贡献,为集体创造更好的生活品质。

不被过去的经历限制,不受童年的遭遇制约,试着通过对自身的研究和了解,掌握自己的理性和情感。深入剖析自己的言行举止和人际关系模式,从中辨识出自己如何受过去经历所绑架或制约,否则就会像是手脚被锁链缠绕许久,即使锁链早已松开了,自己仍习惯被锁链捆绑,不知自由是什么样的感觉。

懂得承担，才是真正的自由

　　人与人的相处与互动，以及自己生活的方式，往往也多为过去习惯的经验模式所限定。在不自觉中，每天无意识地重复着某些动作、惯性思维与情绪感受，却不自知。

　　如果不提升对自己的觉察和辨识，就不知道要停下来反思自己的观点或情绪经过了什么历程。缺乏对自己的觉察，就无法进一步调动思维和情绪模式，会落入无意识的固定模式中，并缺乏对周遭环境、对他人及对自己的敏感度。

　　生命本是倾向成长的，过去小时候不懂成长的意涵，加上许多身不由己，让很多人一心渴望长大。只是，那时的心思全然放在不断遥望远方、渴望自由自在上，不知要好好在当下历练，茁壮成长。尔后，当有一天我们真的走到了当初的远方，内心的束缚和包袱还是那么多，还是无法卸下，就会一样没有自由。

　　自由或解脱，并不在远方，而是在每个当下。你要充分地专注在自己所体验和遭遇的磨炼上，让每一个当下的领悟都化为你成长的养分，浇灌你，滋养你，让你真实地感受到自己的本性和力量，告别过去，开出新的局面。

　　懂得承担，才是真正的自由。因为懂得承担，才能享有自由。懂得承担自己生命重量和责任的人，也才能真正是一个自由的人。

　　如此可贵的自由，只有如实成长的人，才有见到它实现的可能。

练习心法

肯定自己的状态，对自己的感受、观点、动机或价值观，都要试着辨识。不论是否喜欢、是否愿意，都要练习从觉察中提高以及厘清的意识。

肯定地说出"我"的信息，即使和别人不同，或别人没有回应，也试着选择不放弃。

肯定地说出自己的想法、观点和感受，试着呈现自己是如何生活、如何存在和如何行动的。

只有我们自己能做到清楚觉察和辨识自己，他人是无法代替我们去做这件事的。若有人这么做了，那么你就更要练习说出你自己的观点和想法，并为自己说明。不要误以为是去说服和解释，于是带着焦虑去做，这样只会适得其反。你真正要做的是，有力量地为自己明确说明。说清楚了，心安稳了，就放下，不去想他人如何解读或者会有怎样的情绪投射，因为那是你管不了的。

接受自己能做到事情的范围，既有勇气改变，也能平静接受。唯有真正认识和了解自己，你才能分辨这两者之间的差异。

练习五 摆脱"条件式评价"

有人用一生治愈童年,有人用童年疗愈一生。我们不需要否定过去,但也不需要被过去决定。

成长是自己的事,既然你都不上心,还能期待谁会比你更关心这件事?

自我实现,成为自己,你都不在意了,自然也没有任何一个人需要比你更在意。

要善待自己,关爱自己。你都不把自己当一回事了,别人也更不把你当一回事。

没有人必须为你的成长负责,也没有谁必须付出他的心力、时间和能力,来帮助你实现满意的自己。

唯有你,陪着自己走过生命中的所有历程,度过所有的悲欢离合,无论是醒着或是睡着,你跟自己都存在联结。

你永远应该是那个最重视、关心自己的人。

主流价值的"圈套"

这样的关心和重视自己,不是因为不要让谁失望,或渴求谁的肯定。社会上有许多人不敢肯定自己的价值,以致不敢承担和重视自己的行为表现,总是要给自己找借口:"我是为了让爱我的人不要失望""我是为了让我的老师不要灰心""我是为了不要让我父母担心"……好像如果说是为了自己治疗身心、休养沉淀,会让他人笑话,除非身边有人不断地表示肯定与支持,那么才敢说是为了自己。

把自己必须面对的选择和决定推给别人,当自己做不到时就说"我让你们失望了,我不好""我没能让你们另眼相看,是我无能""我没好起来,辜负了你们"。这也是一种没能分离课题、人际关系界限混淆的现象。

互相推脱生命责任,是不是很常见?长期以来,很多人总是让别人以各种"你要做给我看""你不要辜负我""你别让我失望"等来要求他人。表面看是关心,实质上是控制和要挟,以强迫的方式剥夺当事人自主选择的权利。

若你冒出这样的念头:"难道要看那个人坏下去?"或"那个人明明没能力为自己思考对的决定!"那么你要觉察,这种评断其实来自你接受了某些人所认定的"应该要如何活着"的教条和价值观,以此否定了别人的自主权和能力,甚至漠视了对方的自主权利。这样的你,本质上也是一个活得没有主体性的人。

一个自己都没有主体性的人，更不会去尊重别人的主体性。在他的世界里，只要他觉得自己在主流社会里是成功榜样，他就会毫不迟疑地训斥别人，给别人提建议和意见，不去聆听别人的感受，当然更不会反思他自己的人生观。

所以，这种人所谓的关心，其实只是在剥夺和漠视别人的主体性。

"本来就是这样"

好好面对自己的人生，朝着自己的目标前进，做自己真正有兴趣的事，尽快实现自我。在通往这个目标前进的道路上，我们或许会经常这样想："我的生活没问题啊！很好啊！我本来就这样啊！为什么要学习和成长？"

当有这样的疑问时，你要停下来思考，这个"本来"是真的"本来"吗？还是习惯用"本来"来作为自己不去觉察和改变的托词。

有趣的是，我们往往不会用"本来"去看待别人，不会认为别人"本来就这样"，这是他做真实自己的权利，所以他不须改变，不需要活在其他人的评论和指点中。

这样的问题，是不是经常发生呢？比如，以一种"我可以指正、评论你，但你不可以这样对我"的形式出现。

成长是每个人自己的事，无关他人。不想成长的人，自然不愿意面对自己，还会不断地巩固自己的既定观点，特别是以认定的自我概念来解释自己，合理化自己的作为。

唯有真诚地认识自己，深入了解自己，辨识来自潜意识的作用，才能打破为过去框架所制约的言行举止，并重新选择所走之路。

练习心法

有些家庭教养的方式往往是让孩子迎合他人的价值标准和期待，生怕孩子输在起跑线上，或将来没有足够的条件拥有比较顺利的职业生涯。这就造成每个人除了以条件论（学历、名次、物质条件、头衔、金钱）来评估自己的价值外，就没有其他可以肯定自我存在价值的方式了。

现在请练习肯定自我生命的独特价值。方法是：请依照你感受到的自己，对自己存在"特质""美德""能力"进行肯定，认同自己的独特存在。

例如，从所经历的事情中，觉察自己的特质或能力，给予自己正面肯定：

"我是一个细心且谨慎的人。"

"我蛮能感受和理解别人的需求。"

"我感觉到自己还挺有勇气，愿意冒险。"

……

越能肯定自己的价值，越能建构出有别于他人的"独特性"条件式评价，成就独特的自己。

练习六　以自己的力量跳出舒适圈

放下对自己的敌意,如果爱对你而言很模糊,那么就以关怀和温暖的含义来取代,关怀自己每天过得如何。

如果你安抚不了自己,那没有人能真正安抚得了你。

如果你不知道自己需要的是什么样的安抚,那么任何安抚,你都感受不到。

如果你知道自己需要什么安抚,那你便有机会好好地了解自己。深入内在的情绪,适时给自己安抚,无论是肯定自己、给予自己安全感,还是理解或认同自己。

如果你没有办法了解和分辨自己的感受和情绪,那安抚也就无法产生效用,只会在你的关系中引发更多的解释、内疚和怪罪,还有更多的防卫,让你的内心难以平静。

所谓"情绪关照",是能静下心来体会自己的感受,辨识自己的观点和想法。

所谓"心理调整"和"心理疗愈",是你的内在恢复思考力和情感力的过程,使你重新活在一个自主而自由的状态中,这需要你从内部与自己合作,别人不能帮你做。

如果你要调整和重新建立自己的内在，就好好陪自己走过这一段虽然孤独却很充实的历程。不再依赖别人，不再把别人当"救生圈"，而是以自己的力量跳出舒适圈。

只想着让他人来指导、安抚，那终究是回避。不想真的承认和面对自己，也就无法增强面对外在风风雨雨的免疫力和抵抗力，离修复和重建更是遥不可及。

还原本来的你

心理疗愈和自我修复，与身体的疾病治疗是相似的。了解了身体的一些健康知识，或知道了一些如何维护健康的常识，是不能真正获得健康的，关键在于落实行动。

看心理成长或疗愈的书籍，只能让我们了解理论知识而已，缺乏实践的行动。而放弃聚焦练习所带来的复健效果，是不会发生任何真实疗愈心理功能、恢复情感和思考功能的效果的。

简单来说，疗愈就是"恢复原本的自己"，像是回到刚出生时的状态，让你的所有功能：分化、独立、成长、开展、特质发展、整合、自我实现，都能一一进行和发展，让你得到益处，使你的生命丰盛而自在，不担忧触犯外界的规范和他人的界限。

因为你能懂得观察和评估，懂得分析和决定，知道在自己和他人以及环境之间，找到三者的互惠状态，不再以自我为中心，只顾自己的需求和感受，也不再以他人为中心。

你会明白，你有能力为自己带来幸福或有能量的生活，你也可能为别人和这世界带来幸福和能量。

疗愈是你走过的历程和发生过的事，你承认也接纳了，就会渐渐地领会到生命中所发生的事，不能轻易地定义为"好事"或"坏事"。对你来说，这些人们眼中或口中认为的好的或坏的事，都是你历经拾回自己、寻回灵魂、愈合破碎自己的最好道路。没有经历过这些，你仍是那个遗失自我、遗落灵魂，支离破碎的你，连"自己"是谁都不知道。

疗愈，就是和自己完整重逢，在断裂、误解、谴责、怨恨之后，终于能和自己握手言和，拥抱回最亲爱的自己，不再分裂，不再相残。

任何人都有权利，做一个健康的人，一个活出自己的人。

练习心法

练习自我安抚和情绪调节，不再以习惯的隐忍和压抑方法束缚自我，僵化于创伤经验中动弹不得。

情绪的安抚和调节，第一步在于能感受和体会。在感受和体会中辨识出"情绪"的类别或形态，不论是沮丧或挫折，或是生气、哀伤、恐惧和厌恶，都要先去感受。

只要能自由感受，不批判和压抑，让情绪可以流动，就可以不执着于情绪当中。

习惯隐忍和压抑的人，情绪会因为否认和漠视而凝聚并堆积在内心某处，形成压力，造成身心沉重，或是不断引发身体的疼痛。

下面列出了四个安抚和调节情绪的方法，若是能保持自我联结，就能降低损害自我身心的程度：

（1）以关爱的态度和意愿如实感受和体察情绪，不压抑、不批判自己，也不激化自己的情绪。

（2）辨识情绪的类别或形态，并替情绪命名："我感受到＿＿＿＿""我有＿＿＿＿的感觉。"辨识并命名之后，用手去触摸这些情绪的凝聚处或反应区（例如：胃部或胸口），保持规律呼吸或大口呼吸，调节情绪的压力或张力。

（3）体察自己的情绪是因为什么样的需求或渴望而来，例如：生气可能来自渴望被尊重，因为没有感受到关爱和支持而觉得失望，因为没有觉得自己是安全的而恐惧……试着辨识这些需求或渴望。

（4）回应自己因为这些需求或渴望而引发的情绪，对情绪予以安抚和肯定，学会接纳自己。例如，回应自己的生气："我知道你觉得被冒犯、不被尊重，因此很气愤不平。我知道你需要尊重，也渴望别人的重视，没有得到期待中的尊重让你很气愤，但这些并不代表你就是一个不值得尊重的人。你会生气，正是因为你知道你是一个值得尊重的人。"

在此以"情""感""触""摸"来标定这四步骤，也可以练习以这四个字，作为引导你安抚和调节内心的口诀：

情：先对自己抱持同理心，或愿意关怀的态度。
感：联结感受，从身体感受体会，慢慢觉察身体反应。
触：辨识情绪成分，包括情绪所反映的需求和渴望。
摸：非口语（眼神、手势）触摸，和口语内容的同理贴近、反映和正面肯定。

通过日常的练习，让我们的情绪能保持在自我观照中，让调节力和灵敏力都能自由运作，在内心建立起维护心理健康的自愈力和复原力。

练习七　深入生命的黑暗时刻，凝视和整合内心自我

当你自责、愧疚、遗憾、懊悔，当你难以接受当下的处境时，请在那一刻，再多爱自己一些。

人生旅程，难免会有黑暗时刻，也会走过暗黑不见光的路段。

然而，星星的光芒，若没有黑暗的存在，又如何显出明亮呢？

生命的成熟和蜕变，有如发出亮光的星星，在黑暗中更显耀眼夺目。在我们领悟之后，那些生命里的黑暗遭遇，会让生命更璀璨，也更加明亮清晰。

接受自己能力有限，也接受自己曾经的无能为力。学习接纳自己，并有意识地为自己重写一个有真实的爱、勇气、智慧的人生故事。

在人生的历程中，我们都有自己的黑暗，也有自己的光明。

但成长和成熟是，你能明白你的黑暗不是黑暗，而是一段端详、凝视自己的通道。

不论是走在貌似无人的隧道，还是满天星空下的旷野沙漠，你内在的隧道或沙漠，都是为了让你看见自己，深刻地面对自己，体悟如何和自己相处的机缘。

这时，你可能才会发现，你跟自己的关系有多陌生？或有多糟

糕？或有多么敌意？

在黑暗中，若你能成为自己的光，并有源源不断的能量，那么，那正是你真实爱自己、拥抱自己，以温柔的心贴近自己的时刻。在那之前，你或许会望见一片黑暗，感受不到半点微光。若这黑暗持续很久，那份孤寂和空虚或许会让你发狂，让你极度恐惧，也极度不耐。

荣格曾在他的《红书》中写道："若你理解黑暗，它就会抓住你。它临到你头上，就像夜晚有蓝色的影子和闪烁的无数星星。当你开始理解黑暗，沉默与和平就会来到你头上。只有那不理解黑暗的人才会恐惧夜晚。通过理解你内在的黑暗、夜晚、玄秘，你会变得简单。你准备像其他人一样入睡千年。你睡进千年的怀抱里，你的墙壁回荡着古寺里的圣歌。因为这是简单的，这从来都是。当你在坟墓里做着那几千年的梦时，寂静和蓝色的夜晚正在你面前展开。"

通过"理解"你的黑暗，你才有机会发现，黑暗并不只是黑暗，黑暗往往涵纳着许多你未觉察的情感，还有你那尚未无法通达的自己。

成为内心小宇宙的治理者

那么，为什么在我们的内心，黑暗会如此凝重而漫长呢？那是因为我们未能成为自己内心小宇宙的治理者。我们没有建立秩序，没有让一切运行有其规律，反而总是杂乱无序。我们没有让自己内心的小宇宙获得最佳的能量，反而任由内心的黑暗蔓延扩散，无边无际。

我们耽溺在黑暗中，拒绝看见亮光。那是一种自我放逐，以为自己不配活在光明之下，以为自己是污秽的、不洁的，或是受人鄙视的。这样的黑暗，是苦刑，是通达不了内心彼岸的。

只有当自己开始凝视黑暗，并在黑暗中凝视自己，才会发现，黑暗能让人把自己看清楚，不再只看见光鲜亮丽的自己、让人欣羡的自己，或是浮夸的自己、装腔作势的自己。

黑暗，能引领自己走向以为众人都嫌弃的你、厌恶的你、排斥的你；也会让你瞧见无助、胆怯、不安的你，甚至时常怀抱自责、内疚和羞愧之心的你。这些你，让黑暗极其可怕和恐怖，让你紧闭双眼，假装它们不存在。

但其实，黑暗能让你在人生的各种历程之后，安稳地陪伴自己疗伤止痛。用最真诚和最忠实的姿态，撑起最大的空间，给自己不受打扰的时间，静静地、安心地经历修复历程的各种煎熬和起伏。

人生，不可能只有光明，如同这世界，不可能只有白天。

若能明白宇宙万物的运行有其秩序，秩序来自界限，没有界限的世界，只会是一片混沌，那么，自然就能理解我们内在的宇宙也应当如此。无论是光明或黑暗，没有界限的存在，就会破坏秩序，让我们的内心成了荒芜之地。

任何事物，不会无意义地存在。

深入你的黑暗吧！事实上，深入到自己黑暗中的人，才可能找到自己的完整灵魂——那个早期跟不上你，或被你遗落已久的灵魂碎片。当你找到了它们，能与自己的灵魂合一，那么完整的自我、不支离破碎的自我，就不会轻易地被外界事物击溃。如此，你才会有一个坚定而有力量的内在自我，足以陪伴你走过人生的高山低谷，而不再与自己分离、分裂。

练习心法

你需要转化你内在的黑暗，使之成为你生命的光芒。

很多人害怕生命中的黑暗，因为此时人们会以外界的评价，在自己身上贴上负面标签抨击自己：失败、没用、可怜、不幸、倒霉、活该、丢脸。

走在逆境中的人，精疲力竭才能撑住自己来经历大风大浪，但却很难看见自己的支撑和努力，大多见到别人对自己的诸多批评和厌恶。

所以，在转化练习上，首先要承认自己的痛苦，并联结自己的痛苦。并专心回到自我修复上，从逆境中省察和反思自我过于天真或忽略事实之处，但不因此否定自己、嘲讽自己。请诚恳地陪自己学习客观地认识这个世界，也务实地认识自己的限制或缺失。

从对挫折和逆境的体会中，以自己最信任也最能给予安全感的朋友姿态，深入与自己对话，了解这个过程中自己的体会和遭遇，并问自己：

你领悟了什么？

你觉察或发现了什么？

你因此又多认识了自己的哪些情况？

你因此发现过去的哪些做法和行为，是自己对人生的不理解或认知偏误所造成的？

你通过这段历程学习了什么？又获得了什么心得？

如实地觉察自己，离生命的光亮就会越来越近。

练习八　从觉察自己的情绪、感受和想法做起

一遍又一遍去辨识和理解，对自己而言，什么是真正在乎的，什么是真正渴望的，什么是自己执着的，什么又是自己会逃避的……

当你觉得难过，就好好难过。
当你觉得生气，就好好生气。
当你觉得介意，就好好介意。
当你觉得悲伤，就好好悲伤。

别骗自己，或强迫消除自己的负面情绪。

你的情绪是你的，你的感受是你的，你的想法也是你的，你可以认同，允许自己是自己，而不是其他人。

当你能认同自己是自己时，才能看见别人是别人。你才不会做别人的影子，也不让别人做你的附属品。

当你很清楚地知道情绪是自己的，需要由自己来照顾和调节，就要负起担当的责任。你不应利用情绪来影响和控制别人。你应先细细地检视自己，耐心地安抚自己，陪伴自己试着面对与梳理内心。

很多人都曾跟我谈到害怕自己"内外不一致"，害怕自己被说是

"两面人"。他们觉得，内外一致就是心里有什么就讲什么。其实，这不是"内外一致"，这是幼儿化，是未转化的幼儿心智作祟。

清楚觉察，才是成熟的内外一致

试想，我们都是社会群体中的一员，如果每个人的"内外一致"都是这种单一做法，那每个人不就都只顾自己反应，不顾他人立场和感受了吗？那人也就不需要成长，也不需要接受教育和学习了。

小孩要吃糖，他认为"我要让你知道我要吃糖"，并且直接把他想吃糖的欲望和情感表达出来，不管三七二十一，不管现实情境和客观后果。

因为他还是孩子，还不具备复杂的心智模式，不懂得如何消化内在那些得不到渴望的伤心和失望情绪。

正是因为他还是孩子，所以我们给予他一些陪伴和适当教育。

但倘若是一个成人，他说要"内外一致"的做法，就是"看谁不顺眼就瞪谁""讨厌谁就对谁摔东西""对谁生气就直接谩骂"，这样的"内外一致"，不是真正的"内外一致"，是一种直接发泄，甚至是情绪性攻击，更是以自我为中心。

没有理性参与的情绪反应，不是"内外一致"。

真正的"内外一致"需要奠定在"清楚觉察自我"的基础上，觉察和辨识自己的内在、外在情况。外在发生了什么事、内在出现了哪些情绪和想法，又为何是这样的情绪和想法反应？是什么影响了我这些情绪和想法反应？试着厘清和辨识。

在能"清楚觉察"，并照顾安抚自己的情绪后，我们才可能"真诚一致"地了解，自己真正想要的"决定"究竟是什么，以及能向外界"回应"的是什么。我们可以安稳自我，表达出自己的立场和主张。

对自己与别人的双重标准

人的不一致，更常见表现在对自己和对别人的不一致上：

"我不允许别人干涉我，却想干涉别人。"
"我要别人尊重我，却忘了尊重别人。"
"我选择想要的，却不接受别人选择他要的。"
"我要控制别人的言行举止，却反对别人对我言行的控制。"
"我想改变别人，让他更好，但当别人说我哪里不够好，却觉得反感。"
"我直接挑剔别人的失误，但别人不可以直接说出我的失误。"
"我要做我自己，但你不可以做你自己。"

像这样的不一致与双重标准，导致我们的人际关系时常出现冲突和混乱。允许自己可以，却不允许他人可以，也是以自我为中心的表现。要调整这样的"不一致"，必须平等地看待"人"的存在，并且不再企图用控制操纵关系。

做一个真诚一致的人，是要能辨识和觉察自我的真实状态，而不是后悔和内疚，再用自我谴责与怪罪来对待自己。

当你能为自己的生命负责，你自然能真诚一致。当你选择一致地呈现自我时，就表示你也愿意一并承担了这个过程的结果和代价，即使结果不理想，你也会试着处理和面对它。

当你能真诚一致做出自我选择、自我决定后，你设立个体界限的能力也会越发成熟而稳定，不再任由混淆且冲动的潜意识爆发，或受情绪操控、摆布，全然忘了自己才是情绪的主人，更是自我主体的统合者、领导者。

练习心法

维护和建立自我主体感的练习，需要你保持觉察和增强意识。平时不忙时常问自己三个问题：

（1）我现在的感觉是什么？（或：我正在感觉什么？）

（2）我现在的想法是什么？（或：我正在想什么？）

（3）我现在想要做什么？（或：我正在做什么？）

如此，练习与当下有觉知的自己保持联结。长此以往，对于掌握自己的状态，会越来越熟练，包括感受、想法或行为，也能有所觉知，不再任由无意识驱动自己。

练习九　忠于自己，停止补偿

我们到底在追求什么呢？为什么追着追着，却追求出那么大的心理匮乏，造成内心有那么一个大窟窿？

你选择的，若不是你真心渴望的生活，那么，你就会企图以各种形式补偿自己，花费更多、囤积更多、欲望更多，却始终离真心喜欢的自己越来越远，内心的喜悦与满足也越来越少。

但是，无论你喜欢或不喜欢、想要或不想要、认同或不认同，假若你能清楚觉知，就能帮助自己去分辨和选择，不至于不管自己想不想要、喜不喜欢、需不需要，就一股脑地吞食，结果反而让更多无谓的沉重负担占据你的心理空间，感受不到任何满足和喜悦，只有怎么也填不满的空虚感。

人无法选择自己真心想要的，这样的状态，是从何时开始的呢？若要回溯，大概是孩童时期。外界有既定规则和标准，什么是好、应该做什么、应该有什么表现，都被框定在一套标准下，没有什么多元的观点和定义。父母最常说的就是："别人能这样，为什么你不能？"

孩童时期的我们不懂那样的标准，是父母由于自己的自卑和不足所投射出来的比较和嫉妒，还有害怕自己不够好、没有能力教出完美的小孩，于是把那股焦虑和哀怨投射在孩子身上。但儿时的我们以为那就是真理，错误接受了"别人会什么，我就要会什么；别人有什么，我也要有什么"的压力。

然后用尽所有气力，不承认自己的脆弱和不足，甚至逞强。

别人甜美，我也要甜美；别人英俊，我也要英俊；别人苗条，我也要苗条；别人优雅温和，我也要优雅温和；别人有房、有车、有钱、有伴侣、有孩子、有地位、有名声、有事业、有头衔，我也都要有。

我们努力追上别人，努力证明自己也有能力可以拥有更多，到后来却换来更多的不满足，和过于劳累与付出后的补偿行为：更常去看医生、买东西、娱乐、吃美食、做美容和各种各样的消费。

越向外追逐，心灵越匮乏

我们到底在追求什么呢？为什么追着追着，却追求出那么大的心理匮乏，造成内心有那么一个大窟窿？

如果你有那么一个时刻，终于洞见了这样的生命矛盾，明白我们对物质的追求是有极限的，我们的心灵是不会因为物质的囤积，就感到恒常的满足，反而想要领会超越物质有限性的无限意义，那时的你会明白，超越有限物质的方式，是走向整合，是体会一种不再切割、不再分裂，也不再局限的圆满，也就是生命的完整。

就如，你可以正向，也可以乐观，可以展现阳光般的活力，但那并非整合，也非完整。

如果你爱自己，你不会给自己这样设限：

只有我对世界笑，我才值得爱我自己。

只有我看起来灿烂，我才值得爱我自己。

只有我看起来努力、认真、不倒下，我才值得爱我自己。

只有我看起来被人尊敬，我才值得爱我自己。

只有我让人喜欢，让人称许，我才值得爱我自己。

只有我受人欢迎，我才值得爱我自己。

其实，爱，是无条件的，不是拥有了地位、权势、财富、名声、外貌、聪明才智，就能拥有爱的体验。

往往那些看重地位、权势、财富、名声、外貌、聪明才智的人，是离爱最远的人。

接受自己的全部

小时候，你可能会想要每个人都喜欢你，想要证明自己是最乖、最听话的那个小孩，想要努力成为别人口中厉害的人，想要别人总是夸赞你、称许你。

如今，你长大了，才知道人的心其实不用这么大，只要懂得让自己快乐、开心，不随心所欲、不完美却心安理得，就是此生最大的幸福和成就了。

小时候，你觉得不被父母关心、不被老师肯定，你的一生就注定在自卑和失败中度过了。

如今，你长大了，知道父母和老师也有自己的人生，也一样有自身的限制，虽然他们会影响你，却无法决定你会成为什么样的人。

你会真正地明白，原来长大，是不再以孩子的视角和经验，始终活在一个无能为力又充满恐惧不安的状态中。

练习心法

练习忠于自己的选择和决定。若是因为现实环境因素而暂时需要选择其次或第三选择，也要清楚意识到这是自己的选择和决定。

人生在世，我们并非总能如愿选择我们最想要的。许多时候，这样的情况是因为受到太多客观因素干扰，但即便如此，我们也要明白，所有的选择，都需要包含务实的评估和了解客观现实的条件，这样的选择才是我们个体可以承担和负责的。

若是逃避务实的评估和现实条件的考量，一味以"无奈""不要想太多""不然能怎样"这种自我漠视和压抑的心态来面对抉择，长期自我暗示下，内心的委屈和不平就会如滚雪球一般，越滚越大，造成内心失衡、耗损。

务实，也是练习接受现实的存在，这是每个成人都需要练习面对的人生课题。过高的期待和理想化，或是空想，都会让我们不断遭受现实打击，以致自我怀疑或感到挫败。

唯有务实地体认到自己的能与不能，辨识和觉察自己的可为和不可为，心才不会悬在半空中。

当你能够与现实和平共处，与尚无法达成最佳选择的自己和解，就不再有怨怼和不满，不再逃避自己、不再逃避现实、不再逃避不得意，不再让自己陷入不停地寻求无益处的补偿、企图以此救赎抑郁内心的恶性循环中。

练习十　请确认自己的心意和感受

我们都是凡夫俗子,在学习好好活出自己、好好与他人相处的路上,跌跌撞撞前行。

我不会跟你说"我是为你好",因为你的人生和生活只是你的。

我不会告诉你"你应该如何",因为这是你自己要去思考并决定的。

我不会把你的人生当成我生命的重心,因为那是一种病态的假性亲密。

我不会要你听从我,要你照着我的要求做决定,因为那是控制、支配和操弄。

我愿看你探索和觉知自己的存在。

我愿祝福你有足够的悟性,踏实地去领悟人生。

我愿相信你的生命自有安排,一切超乎想象地充满奥妙。

我愿尊重你的生命,不漠视你的能力和经验。

我愿承认我们是平等的,都在学习人生的各种课题。

我愿接受有更高的智慧存在,好好学习,好好活出自己、好好与他人相处。

别轻易把人生交给别人，也别轻易干涉别人的人生。

我们能做的，是相互理解和支持，不是互推责任或是相互逼迫。

每个人都是独一无二的

不要总是为别人担忧，也不要总是把事情往坏的方向想，总觉得别人会把自己的人生搞砸。人生，就像每个人的私有财产，是无法被拐骗、抢夺的。在你干涉别人的人生之前，请先静下来和自己聊聊，问自己为何要这么做？不这么做会如何？非要这么做不可吗？有没有其他的做法或可能？

你可以问问自己："你问过人家吗？别人要你帮忙吗？别人要你挽救吗？"

最后，再问问自己："你真的可以吗？你愿意无论之后发生什么，都会承受下去吗？你是真的心甘情愿，还是觉得'应该'呢？"

要知道，事情一旦往反方向走，情况不仅变不好，反而会一塌糊涂，这时你就会埋怨、挫败、气愤，对自己和对方都有满腔怒火，悔不当初。

如果你停下来仔细辨识，就会发现，为什么你总要为别人的事情着急上火呢？你对自己也如此吗？你能为自己挺身而出吗？

为自己挺身而出

如果一个人无法为自己挺身而出，内心却总是渴望有人出面保护自己，帮自己缓解困境和窘迫，那是不理智的。若这个人渴望出现的人始终没有在生命中出现，他的内心就会一直抱着委屈和遗憾。

我们从小就被灌输了许多没有理性思考的历程，被要求"在别人的需求上，看见自己的责任"，因此我们的内心积压了太多的委屈和不平、孤单和无助，使我们在看见别人处于困境或逆境时，也会投射出自己过往的焦虑、无助、孤单、弱小的感受。为了不让自己一直受到内心压抑的情绪袭击，我们常会冲动地想要去摆平引发自己焦虑的对象。

而在这个过程中，我们擅于以内疚感和良心不安来谴责自己。

"这是谁的人生啊？"这是我们要铭记的一句话。在任何关系里，在面对另一个人的人生，乃至自己的人生时，我们都需要时常默想："这是谁的人生啊？"

当别人对你指指点点时，请试着肯定自己。你可以从别人那里寻找资源和经验，但不要剥夺自己学习的机会，任由他人介入、干涉。你若允许别人成为你的控制者，你就容易变成依赖者、共依存者。

需要共依存的人，是回避面对自己的人。这样的人拒绝个体界限的存在，也不尊重自己的人生主导权，只想着有人一起同行，在相互依赖与彼此纠缠中找到安全感。

同样地，如果你常常认定他人做不来，任意指挥和插手别人的人生，就剥夺了他人的学习机会。

如果，你相信学习是成长的养分，也是成长的能量来源，那么，请把注意力放到自己身上，重视自己的学习机会，同时乐于看见别人有他自己的学习历程。

你真正要做的，是确认自己的心意和感受，适时鼓励自己，做自己最好的支持者。而与他人同行为伴的短暂交会时刻，给出你的经验和对这些历程的理解，并且也适时鼓励和支持对方，让对方在面对人生坎坷的过程中，知道自己并非孤独一人。然后，让彼此有彼此的光亮，在某些时刻的联结中，走在同一条路上。

练习心法

你要常常问问自己："这是谁的人生啊？""这是谁要做的课题啊？"避免自己无意识地介入他人的生活，将自己的价值观和人生喜好作为"正确的人生"要求别人。

你要时常思考："这与我有关吗？是什么驱动力，迫使我非要做什么不可？"

请不要高估自己，看轻别人。不要习惯以自己的认知和标准来看待事情，也不要认为别人一定不懂、不会和不能。这是夸大了自我的能力，同时也漠视了他人的能力。

要知道"人生没有标准答案"，只能自己摸索和探究。就像人生是每个人自己的申论题，只有自己写出的答案，才是自己学习到的东西。

我们可以找寻资料文献，可以聆听他人的见解，但不要照抄，也不要背诵，更不要习惯性地想去问别人的答案，这会省略自己的思考和领会过程。

要在生活中锻炼出内在力量，你必须要成为自己的发言人，也成为自己的决策人。当你开始体会到"没有人可以为我发言，只有我自己是最清楚我的想法和感受的人"，相信那时你一定能感受到自己的主体感和界限感，是那么清晰地存在着，它无法被消除，也不会再轻易受到混淆和操控。

结 语

　　缺陷和不完美,是人生的真实滋味。只有领悟完整的生命面貌,我们才能真的了然于心,努力去找出自己真正渴望的、需要的是什么。

　　你的天堂,或许是别人的地狱;你的地狱,或许是别人的天堂。当你悲伤时,可以接纳别人的欢乐;当你欢乐时,可以允许别人悲伤。接受别人的不同,进而接纳差异,才能维护好彼此的界限,不会强迫他人,也不会压抑自己。

　　活在资讯爆炸的时代,我们总是置身于集体焦虑又急切的氛围中,不安地面对未知的变化和冲击。

　　如果说我们在社会上的拼搏,像是一场战役,那么我们要知道,战士不一定会成为英雄,反而可能会尝尽各种屈辱、不甘、愤愤不平。许多人可能在压抑和忍受着,但更多时候可能会感到迷茫,不知道自己到底在为什么奋斗?又为何而坚持?

　　不少人来询问:"如何才能拥有永不消灭的热情?如何可以一直保有高昂的情绪,对人生充满动力?"当然,会这样问的人,都有一种渴望,或许是想要活得精彩而充实,为了某种理念或目标废寝忘食也在所不惜，只是他们体会不到，寻求不到，那究竟是什么？

　　这是人性对成功的渴望，我们想要不停向上，提升、再提升。然而，什么是提升再提升呢？那会不会是内心根深蒂固的自卑感和空虚感在作祟，害怕自己一旦停下来，就无法让他人对自己刮目相看，也就无法确认自己存在的价值了呢？

　　当我们急着甩开身边的竞争对手时，我们真正想甩开的，是不是内心还在不停自我怀疑的自己？当我们想打败他人时，我们是否在对方身上看见一个"不够好"的自己，于是想着赢，以此证明自己够好、够优秀？

　　法国哲学家阿尔贝·加缪曾说："当对幸福的憧憬过于急切，那痛苦就在人的心灵深处升起。"在人生的旅途中，我们其实不必时时保持上进或无惧，停滞和脆弱也有可以体验和修悟生命课题的力量。

世界虽然残酷，幸而仍有勇气

　　更多时候，逆境和挫折都能让我们体悟和明白：只有善待自己，照顾好自己，才能建立适宜的人际关系，才能感受到这个世界的美好。那时，幸福感就会悄然而至。

　　这本书，是我为每一个面对挑战的人写的。从我们出生时，就注定要通过自己的能力和本事，学会生存的方法。然而，活在这个时代，并没有那么容易，因为这个世界并不浪漫，有时候还会出现非常多的让你觉得不可爱的人和事。

所以，我们必然会受伤。内心越是想保有诚挚、不想伪装，不想迷失自我，不想活在虚假面具中的人，所受的伤往往越多。但是，受伤并不代表毁灭，受伤往往给予我们宝贵的经验，让我们知道这世界有黑暗面存在。只以孩童时期的无知和天真面对诡诈、阿谀奉承、嫉妒、陷害、剥夺、利用、欺骗和暴力，必定会承受许多身心的痛苦和折磨，导致因恐惧而不敢往前走。

受伤，最大的意义是让我们知道危险的存在，不过度乐观地幻想这世界的完美，能辨识出我们投射于周遭的幻想和期待。

当然，最重要的是能够试着面对自己生命责任和人生课题，不再想着周围的人应该来保护自己，从而明白自己要成为一个能保护自己的人，同时给予所爱的人一份关爱和守护力量。

这样的你，能成为自己人生的斗士，有勇气、有韧性，在能屈能伸中，迈开你的脚步，迎向未知的世界，而不是拘禁自己，活在心灵的牢笼里。

关于这一生，相信你也会有属于自己的领悟，只要真实走过，一路上认真领悟有意义的人与事，你的人生，就绝不会白白走过。